迅维讲义大揭秘

打印机维修不是事儿（第2版）

◎ 迅维职业技能培训学校　朱小文　编著

電子工業出版社
Publishing House of Electronics Industry
北京 · BEIJING

内 容 简 介

打印机作为IT基础设备，目前在国内已经达到了一个极高的保有量，也成为日常家庭办公使用的必备品。本书首先讲解了打印机的应用领域及维修市场现状；接着介绍了打印机维修基础知识，基础知识包括打印机的分类、使用方法、按键标识含义、纸张规格等；然后详细介绍了激光打印机、针式打印机、喷墨打印机的原理及它们的组件好坏判断及测量方法、耗材更换方法、拆装方法、电路原理和常见故障维修；最后讲解了57个市面典型机型的维修案例。

本书适合打印机维护、维修人员阅读，也可供普通打印机用户参考。

图书在版编目（CIP）数据

打印机维修不是事儿 / 朱小文编著. —2版. —北京：电子工业出版社，2021.7
（迅维讲义大揭秘）
ISBN 978-7-121-41434-3

Ⅰ. ①打… Ⅱ. ①朱… Ⅲ. ①打印机-维修 Ⅳ. ①TP334.8

中国版本图书馆CIP数据核字（2021）第121182号

责任编辑：刘海艳
印　　刷：北京天宇星印刷厂
装　　订：北京天宇星印刷厂
出版发行：电子工业出版社
　　　　　北京市海淀区万寿路173信箱　邮编　100036
开　　本：787×1092　1/16　印张：10.75　字数：275.2千字
版　　次：2015年1月第1版
　　　　　2021年7月第2版
印　　次：2025年2月第5次印刷
定　　价：89.00元

凡所购买电子工业出版社图书有缺损问题，请向购买书店调换。若书店售缺，请与本社发行部联系，联系及邮购电话：（010）88254888，88258888。

质量投诉请发邮件至zlts@phei.com.cn，盗版侵权举报请发邮件至dbqq@phei.com.cn。

本书咨询联系方式：lhy@phei.com.cn。

编　委　会

前　言

《打印机维修不是事儿》自 2015 年出版已近 7 年，历经 16 次印刷。这种小众领域的专业书籍能得到读者如此的认可和喜欢，我们非常高兴，在此向读者朋友表示真诚的感谢。

打印机作为 IT 基础设备，目前在国内已经达到了一个极高的保有量，也成为日常家庭办公使用的必备品。主流打印机的价格也早就进入千元时代，打印机耗材的价格也不断走低，一次性使用的耗材也成为主流产品。随之带来的变化是售后服务的集中化和回收再利用产业的爆发。

打印机是非常成熟的一款 IT 产品，根据打印方式，主要可分为激光打印机、针式打印机、喷墨打印机及热敏打印机。

激光打印机通常为商业使用，打印精度高，速度快，因为其工作原理、有较小的噪声、在打印时会产生较高浓度的臭氧，所以通常布置在远离员工工位的位置，尤其大型商业激光打印机和激光复印机。

针式打印机的精度和速度相对激光打印机会慢一些，主要用于多联票据打印，打印时有较大的刺耳噪声，由于多联票据打印必须使用针式打印机，因此针式打印机是多联票据打印的刚需产品。

喷墨打印机的优势是无空气污染、噪声低，早期产品的普及率较低，属于高端产品，仅在广告文印行业普遍使用。随着技术的发展，目前的喷墨打印机更静音、体积更小、便携性强，打印速度有很大提升，在某些特定场合使用，譬如医院。另外，家庭用户也首选小型的彩色喷墨打印机。

目前在快递、仓储及工业生产环节还大量使用热敏打印机。其功能键简单、成本低廉、小巧便携、使用可靠，常用于流水号打印、条码打印等，缺点是打印结果不能长期储存。这种打印机的可修理程度也是最低的，通常是淘汰换新，集中回收处理。

作为成熟产品，这几年打印机的核心打印技术没有太大变化，更多的是一些使用方法上的创新和优化，因此要学习和了解打印机维修，只要熟悉几种打印方式的原理，就可以快速上手，轻松处理各种日常小问题。在本书中，我们继续沿用授人以渔的表达方式，大部分章节解析打印工作原理，少部分章节讲解常见故障维修，给读者以启发，并提供一些思路。

打印机有着巨大的市场保有量，随着国家环保政策的不断落地和收紧，电子产品的污染日益受到关注，维修、环保回收、再利用作为一项有效的环保处理方法，一定是未来的趋势。

本书是为初学者和入门人群量身定制的，从基础到案例都有系统的讲解，与《打印机维修不是事儿》相比，更新了部分电路和组件知识的深入讲解。

目　录

第1章

打印机概述及打印机维修基础知识

1.1 打印机概述

1.1.1 打印机的应用领域

随着电子技术的发展和电子信息的应用，打印机逐渐成为必不可少的办公设备之一。电子信息要转变为纸介质，都要通过打印来实现。

打印机已经慢慢融入日常生活，如打印照片、文档、快递单、送货单，打印学习资料及作业，商场购物付款会收到商场打印的小票或者发票，车站打印车票，等等。

1.1.2 打印机的维修前景

打印机不仅限用于商用，由于教育的需要，打印机还逐渐成为家庭的标配。这一趋势正逐步向每个家庭渗透。

由于 2020 年年初疫情的影响，更是加快了这一渗透，全国各级学校、各类教育机构延迟开学，教育部号召开展网上教学，远程教育，学习资料与作业都以电子版的形式发放，因此存在大量作业、教材、试卷等需要打印。为了给孩子打印学习资料和作业，家长不得不考虑采购一台家用打印机。对于居家办公的人群，文件打印、合同签订等也需要打印机。这些均导致打印机家用市场的需求呈直线上升趋势。打印机销量的增长也必然会带动耗材及维修的增长。

打印机打印出文字都需要消耗一定的材质，就如同用笔写字一样，字写得越多，笔内的墨水就消耗得越快，这种消耗的材质被称为耗材。

打印机的销售市场虽利润不算高，但后期维护和耗材的利润较高，如此积累，销售的打印机越多，购买耗材的客户就越多，产生的利润就越多。

很多销售打印机的商家不懂维护，技术问题只能依靠服务站，然而服务站与产品保有量不成比例，很多用户会就近选择懂维修技术的商家。

1.2 打印机维修基础知识

1.2.1 打印机的功能区分

经常提到的多功能一体机，不外乎四个基本功能，即打印、复印、扫描、传真。

具备打印、复印、扫描、传真于一体的机型被称为四合一一体机。

具备打印、复印、扫描于一体的机型被称为三合一一体机。

打印：把计算机或其他电子设备中的文字或图片等可见数据，打印在纸张表面。

扫描：把稿台上的原稿内容以可见数据的形式保存到计算机或其他电子设备中。

复印：把扫描的内容打印出来。

传真：把扫描的内容发送到指定传真机或指定邮箱。

通过以上理解，维修一体机时可以缩小故障范围。例如：一体机打印效果出现问题的时候，就能准确知道跟扫描部分无关。复印效果出现问题的时候，可以通过计算机打印一张测试页看看打印有无问题，如果打印没问题，复印有问题则为扫描部分问题。传真效果出现问题的时候，可以通过复印一张来测试一下，如果复印效果没问题，则是接收方的传真机有问题。

多功能一体机可以理解为在打印机的基础上加装了一个扫描部分，使它们之间相互配合，以完成扫描、复印、传真等。其上半部分为扫描部分，下半部分为打印部分，如图 1-1 所示。

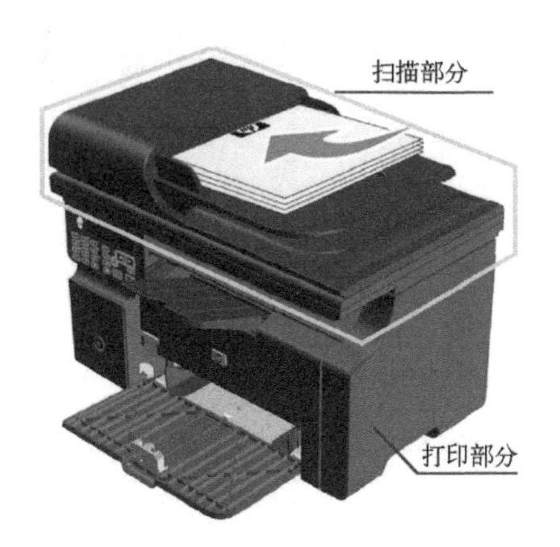

图 1-1 惠普多功能一体机

除上述基本功能外，目前的打印机还具备 WIFI 功能、网络打印功能、双面打印功能等附加功能。

WIFI 功能：打印机可利用 WIFI 配置网络，也可以直接用手机来控制打印机打印。

网络功能：可连接网线实现局域网共享。

双面打印功能：自动在纸张的正反面打印内容，以节省纸张。

1.2.2 打印机的特点及类型区分

了解各类型打印机的特点可以正确为自己或客户选择合适的打印机。

新手想要快速分辨各种类型的打印机，不仅应从外观上分辨，最好是通过各种类型打印机使用的耗材来分辨。

目前市面上主流打印机分为三大类：针式打印机、喷墨打印机和激光打印机。这三类打印机虽从外观上是很难分辨的，但所使用的耗材无论其介质、外形、结构差异都较大，所以通过耗材更容易区分。以下是各类型打印机及其使用的耗材。

1. 针式打印机

针式打印机主要用来打印多层复写纸，如打印发票、送货单等。

特点：市面上常见针式打印机的打印头内部都是由 24 根钢针及线圈组成的，打印时线圈驱动钢针出针击打色带和纸张，每出一次针都会在纸张表面留下一个像素点，物理击打具有穿透性，所以才能够在多层复写纸上留下由像素点组成的文字或图案。这个特点是喷墨打印机与激光打印机所没有的。

缺点：针式打印机是三类打印机中打印速度最慢的，噪音大，不适合打印图片，所以功能也比较单一，只有打印功能，不具备复印、扫描、传真功能。

针式打印机使用的耗材是色带。爱普生（EPSON）LQ-730KII 针式打印机及色带如图 1-2 所示。

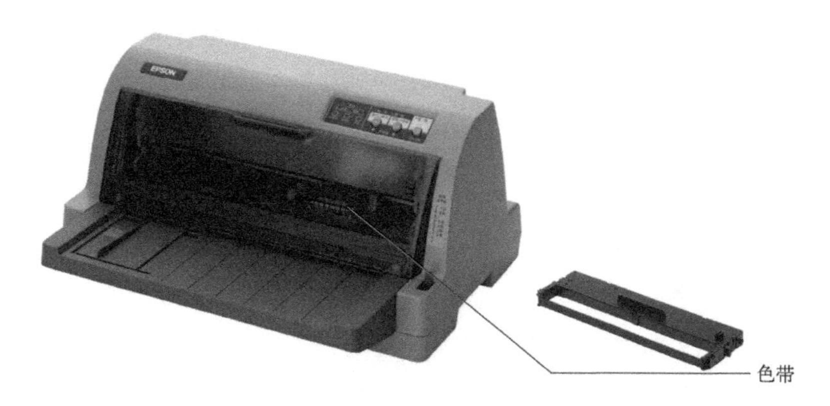

图 1-2　爱普生（EPSON）LQ-730KII 针式打印机及色带

色带是浸有颜色的一条布带，通过针的击打把布带上的油墨转印到印品表面。

2. 喷墨打印机

家用打印机多数人会首选喷墨打印机，主要用来打印彩色照片、家庭作业、文档等。

优点：打印速度相对针式打印机要快，比激光打印速度要慢，整机价格便宜，低端机型 300 元左右且具有彩色打印功能，500 元左右的机型可具有扫描、复印等功能。

缺点：相对针式打印机、激光打印机，喷墨打印机的打印成本高，稳定性差，长时间闲置不通电使用或用劣质墨水时，容易导致喷头堵塞。

喷墨打印机使用的耗材是墨水，墨水属于液体，墨水通过喷头喷射到纸张表面形成图文。墨水装在墨盒里面，消耗后需另外购买墨水添加到墨盒。爱普生 L4158 喷墨打印机及墨水如图 1-3 所示。

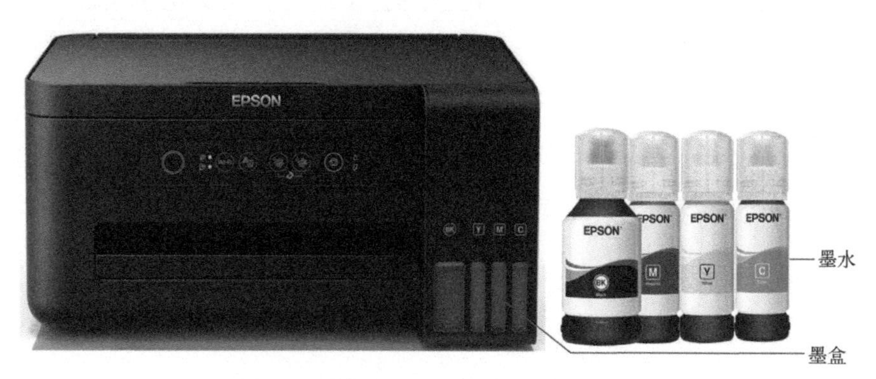

图 1-3　爱普生 L4158 喷墨打印机及墨水

3. 激光打印机

企事业单位用来批量打印时，一般首选激光打印机。激光打印机也适用于家庭打印。

优点：打印速度快，稳定性高，打印成本相对较低。

缺点：整机价格比喷墨打印机贵，主流黑白机型单独打印功能的售价为 800～1000 元，多功能一体机的售价为 1000～3000 元，彩色激光打印机的整机价格相对黑白机型要高。更换耗材会涉及拆装打印机，需要一定的动手能力。

激光打印机使用的耗材为碳粉，碳粉装在硒鼓内部，呈粉末状。

硒鼓的体积比墨盒、色带都要大。惠普 HP M126 激光打印机及硒鼓如图 1-4 所示。

图 1-4 惠普 HP M126 激光打印机及硒鼓

1.2.3 打印机驱动程序的安装

想要学习打印机维修技术，首先要会安装和使用打印机。

当拿到一台打印机，要控制打印机打印出想要的东西时，首先应在计算机上安装打印机驱动程序。

打印机附带驱动程序光盘，可用打印机自带的驱动程序光盘安装驱动程序。如果没有驱动程序光盘，则可以进入对应品牌打印机官网下载。下面以惠普 M1136 打印机为例，讲解打印机的安装和使用。

1. 下载打印机驱动程序

第 1 步 进入对应品牌的打印机官方网站，在浏览器中输入打印机官网的网址，如图 1-5 所示。

hp.com.cn/

图 1-5 浏览器中输入惠普打印机官网网址

第 2 步 进入首页后下拉页面，鼠标移动到“支持”菜单，选择“下载驱动程序”，如图 1-6 所示。

图 1-6　惠普打印机驱动程序下载（1）

第 3 步　鼠标单击打印机图标，如图 1-7 所示。

图 1-7　惠普打印机驱动程序下载（2）

第 4 步　输入对应的打印机型号，单击“提交”按钮，如图 1-8 所示。

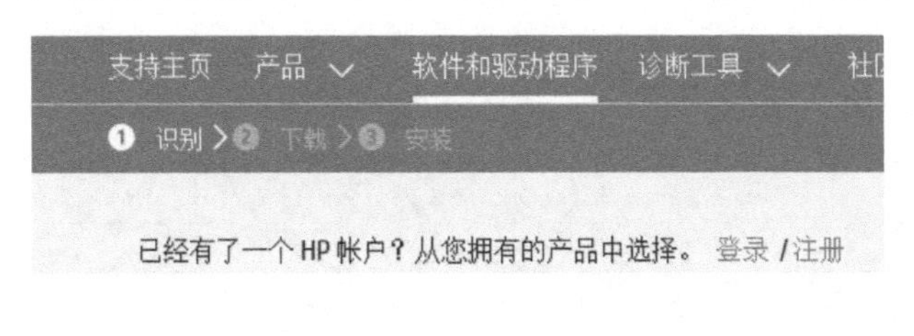

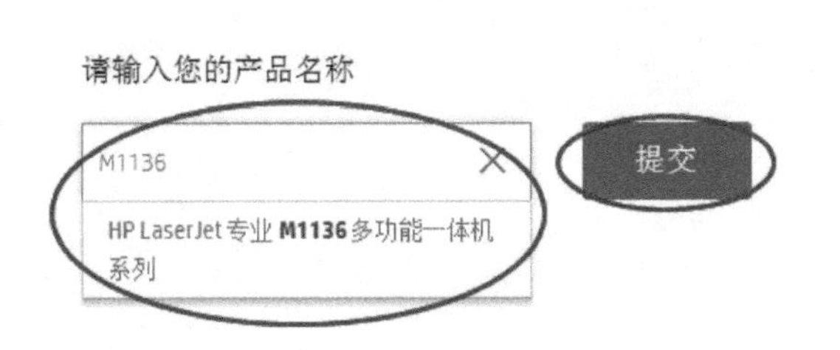

图 1-8　惠普打印机驱动程序下载（3）

第 5 步　选择完成后，自动跳转到下一步的界面。选择对应的计算机操作系统，如“Windows 7(64 位)”，选择“产品安装软件套件”，单击“下载”按钮，如图 1-9 所示。

图 1-9　惠普打印机驱动程序下载（4）

第 6 步　进入下载界面，单击“保存”按钮就可以下载选中的驱动程序了，如图 1-10 所示。

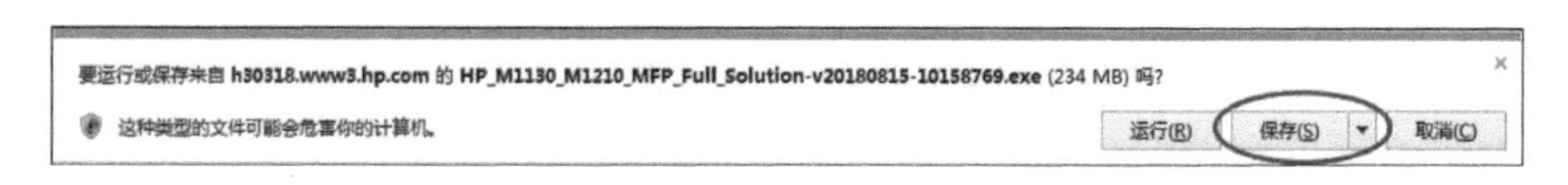

图 1-10　惠普打印机驱动程序下载（5）

2. 安装打印机驱动程序

第 1 步　双击已下载的文件，弹出“动画安装指南”窗口，鼠标移动至对应型号 M1130 MFP 位置，单击“USB 安装”按钮，如图 1-11 所示。

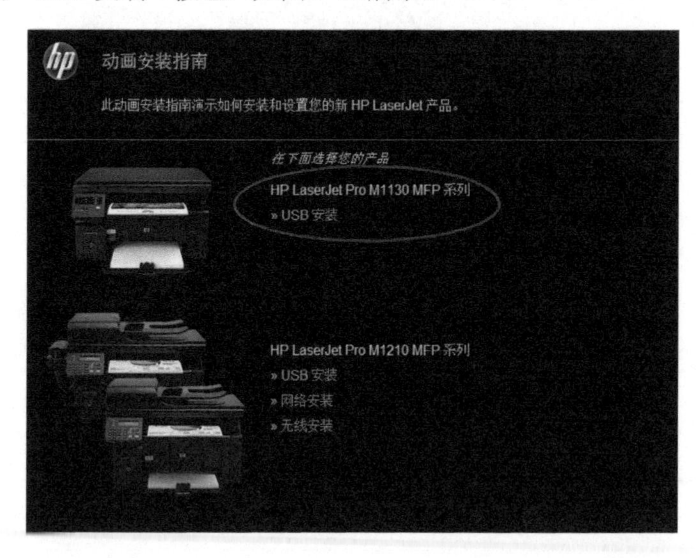

图 1-11　安装打印机驱动程序（1）

第 2 步　出现警告提示界面，单击“安装打印机软件”按钮，如图 1-12 所示。

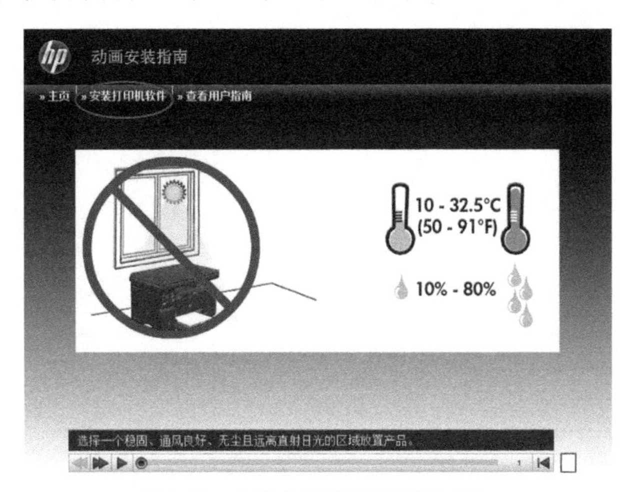

图 1-12　安装打印机驱动程序（2）

第 3 步　选择型号“HP　M1130 MFP”，单击“下一步”按钮，如图 1-13 所示。

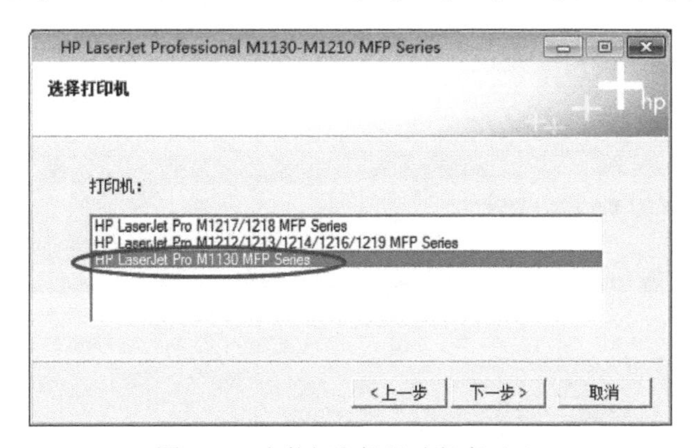

图 1-13　安装打印机驱动程序（3）

第 4 步　按照图 1-14 的提示，将打印机的 USB 电缆与计算机 USB 端口连接，并将打印机开机。

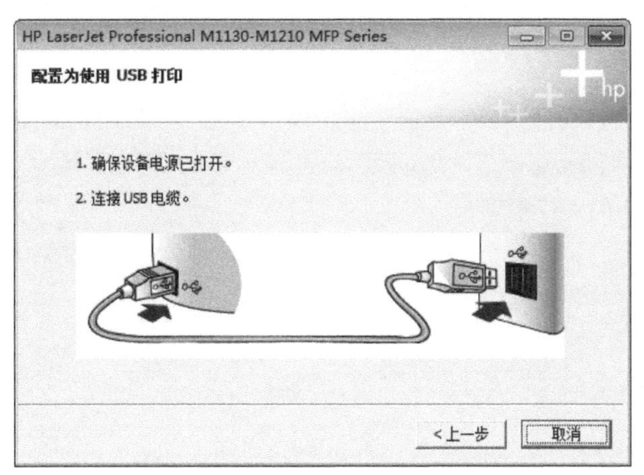

图 1-14　安装打印机驱动程序（4）

第5步　弹出提示新设备现已连接，请等待程序安装完毕，如图1-15所示。

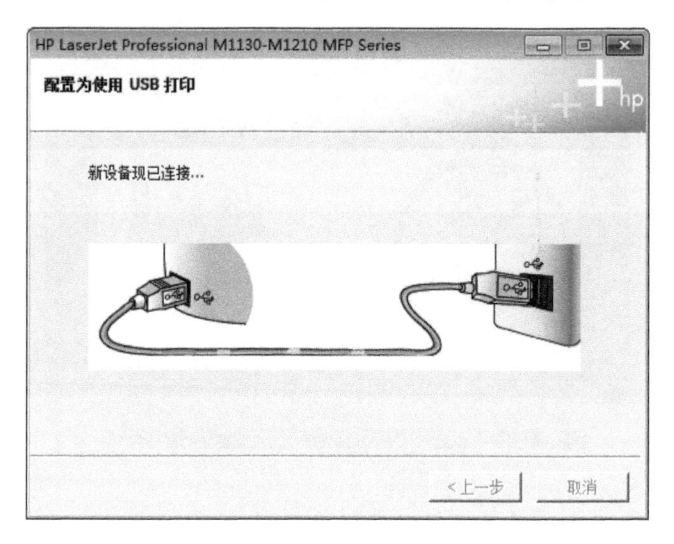

图1-15　安装打印机驱动程序（5）

第6步　提示软件安装已完成，把“注册产品”处的勾去掉，单击“下一步”按钮，如图1-16所示。

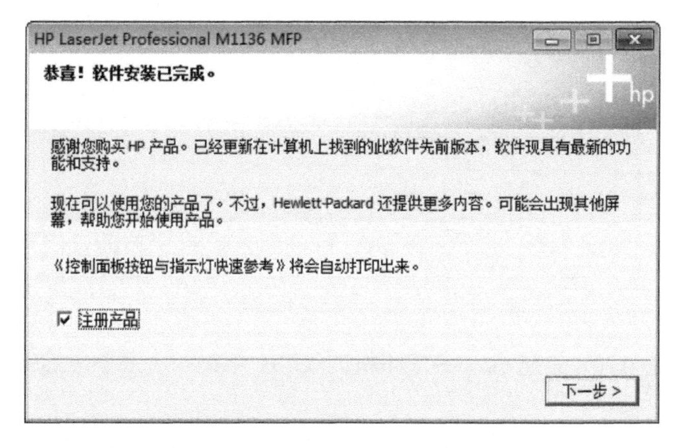

图1-16　安装打印机驱动程序（6）

第7步　打印机会自动打印出一张参考页，单击“完成”按钮，如图1-17所示。

图1-17　安装打印机驱动程序（7）

1.2.4　认识打印机上常见的图标和按键

认识并理解打印机上的常见图标及按键含义可以更快地锁定并排除故障。市面上有显示屏的打印机一般会通过屏幕直接以文字方式或者通过代码的形式来提示故障。没有显示屏的打印机多数会利用指示灯来表示故障，每个指示灯对应一个图标或按键。有些机型是单独一个指示灯闪烁提示故障，有的机型则是多个指示灯交替闪烁，或者用闪烁次数来提示故障，具体含义可以参考对应机型的维修资料。

打印机上常见的指示灯/图标名称、状态及含义见表 1-1。

表 1-1　打印机上常见的指示灯/图标名称、状态及含义

指示灯/图标	名　称	状态及含义
	碳粉状态指示灯	亮/闪烁：碳粉不足或打印机内无硒鼓
	警告指示灯	亮/闪烁：出现错误，禁止打印，要求进行维修，纸盒中没有任何纸张，门已打开，卡纸，纸盒送纸错误
 	电源/就绪指示灯	亮：打印机准备就绪，可以打印。 闪烁：有任务存在，正在执行打印任务、自检任务
	装入纸张提示	亮/闪烁：所有纸张来源中都没有纸张，或者打印机无法进纸
	卡纸指示灯	亮/闪烁：出现卡纸，禁止打印
	墨水指示灯	亮/闪烁：缺墨，未识别到墨盒或者墨盒损坏

打印机上常见的按键、名称及功能见表 1-2。

表 1-2　打印机上常见的按键、名称及功能

按　键	名　称	功　能
	启动按键 开始按键	传真开始，复印开始，扫描开始
 	取消停止作业键	按此键可取消错误的作业，以及正在打印的作业。当按下此键时，该指示灯亮起。当作业处于取消过程时，此键的指示灯闪烁

表 1-1 与表 1-2 所述的图标与按键常用于各品牌的喷墨打印机和激光打印机。针式打印机的按键旁边都有中文注释，可根据字面意思理解。

1.2.5 常见纸张规格简介

常见纸张规格如下。

A3：420mm×297mm。

A4：297mm×210mm。

A5：210mm×148mm。

A6：148mm×105mm。

其中，A4 纸是最常用的纸张。

常见纸张规格如图 1-18 所示，可以更直观地看出它们之间的区别。

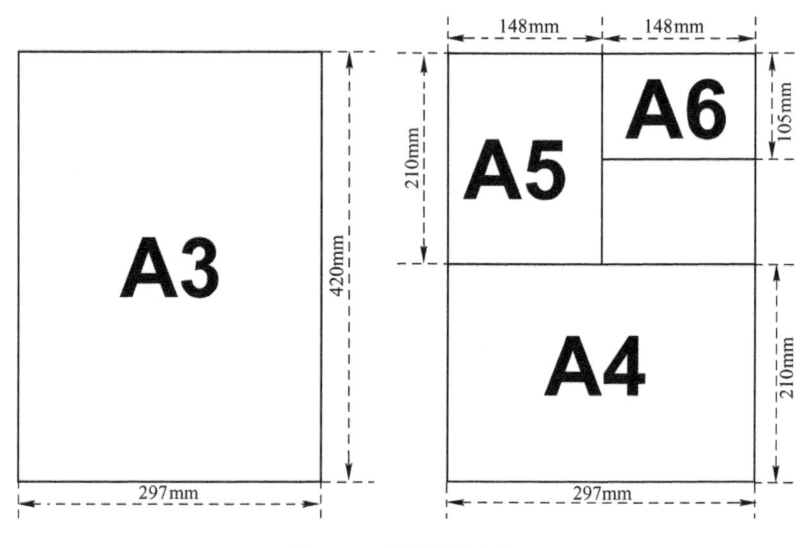

图 1-18 常见纸张规格

1.2.6 打印机打印脱机自检页

1. 什么叫打印脱机自检页

在不连接计算机的情况下，通过打印机本身的操作菜单、操作按键或机械装置打印出一个自检页，称之为打印脱机自检页。

2. 打印脱机自检页的作用

在计算机发送打印命令，打印机不打印的情况下，可以通过打印脱机自检页来排除故障。如果打印机不能正常打印脱机自检页，说明打印机本身存在问题。如果打印机可以正常打印脱机自检页，说明打印机本身是没有问题的，可以进一步排查打印机及计算机接口、数据线或者计算机驱动等。

3．如何打印脱机自检页

无显示屏或带简易显示屏但无操作菜单的打印机一般通过按键或者按键的组合操作来实现打印脱机自检页，具体操作方法可以在对应品牌官网查找也可咨询官方客服。

带显示屏有操作菜单的打印机在菜单内可选择打印本机的演示页及配置参数来实现打印脱机自检页，一体机也可以通过复印来判断排除打印机本身有无故障。

4．常见机型的操作方法

（1）惠普 LaserJet P1007、P1008 等机型的打印脱机自检页的操作方法

① 关闭打印机电源后重新启动，让打印机进入正常待机状态。

② 装入纸张。

③ 在 10s 内，连续掀启并关闭打印机顶盖 5 次。

（2）爱普生针式打印机打印脱机自检页的操作方法

① 确保装入打印纸，并在控制面板上选择了正确的打印纸来源。最后关闭打印机电源。

② 在打开打印机的同时按住换行/换页按键或者进纸/退纸按键。

③ 要停止打印自检，则按下暂停按键停止打印。如果打印机中仍有打印纸，则按下进纸/退纸按键退出打印页。最后关闭打印机电源，退出自检模式。

（3）爱普生喷墨打印机打印脱机自检页的操作方法

Photo R 系列大多是在关机状态下按住进纸按键不松手并开机，等待大概 3～5s 字车有动作后，即可松开进纸按键。

第2章

激光打印机

2.1 激光打印机简介及其使用

1．发展历史

最早的激光打印机是20世纪60年代由施乐（Xerox）公司发明的。因当时激光打印机的关键组件——激光发射器最早是充有化学气体的电子激光管，所以体积很大，使激光打印机在实际使用中受到了很大限制。20世纪80年代初，高灵敏感光材料不断被发现，加上半导体技术逐渐成熟，半导体激光器随之诞生。半导体激光器具有体积小、重量轻、寿命长、效率高、易调制、高聚光、驱动功率和电流低等一系列优点，使得激光打印机进入实际应用领域。

2．品牌及主要机型

所有激光打印机原理都大同小异，本书主要以市面上颇具代表性的机型为例进行讲解。

在目前的激光打印机市场，惠普、佳能保有量最大，此外还有兄弟、三星、联想、利盟、施乐、松下、理光等。

中国第一台有自主核心技术的激光打印机——奔图激光打印机，虽然2010年才进入市场，但因其技术成熟、性能稳定、性价比高，所以也占有一定的市场份额。

（1）惠普

惠普激光打印机最多，淘汰机型就不做说明了，目前市面上还在使用的机型有早期的HP 1010、HP 1020到现今的HP 1020 Plus、HP M1005、HP M1136等，都有较大占比。

HP 1020 Plus激光打印机如图2-1所示。

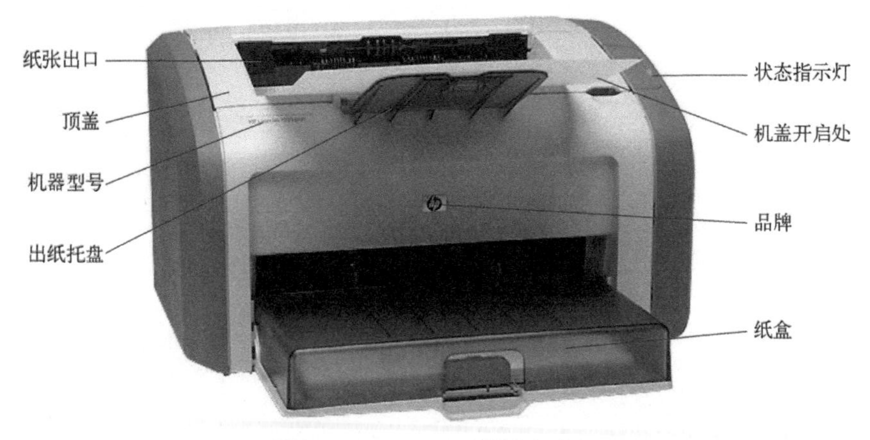

图2-1　HP 1020 Plus激光打印机

HP M1005 激光一体机如图 2-2 所示。

图 2-2 HP M1005 激光一体机

HP M1136 激光一体机如图 2-3 所示。

图 2-3 HP M1136 激光一体机

HP M136 激光一体机如图 2-4 所示。

图 2-4 HP M136 激光一体机

（2）佳能

佳能激光打印机也有一定的市场保有量，其内部结构与惠普激光打印机有共同之处。佳能 LBP 2900+激光打印机如图 2-5 所示。

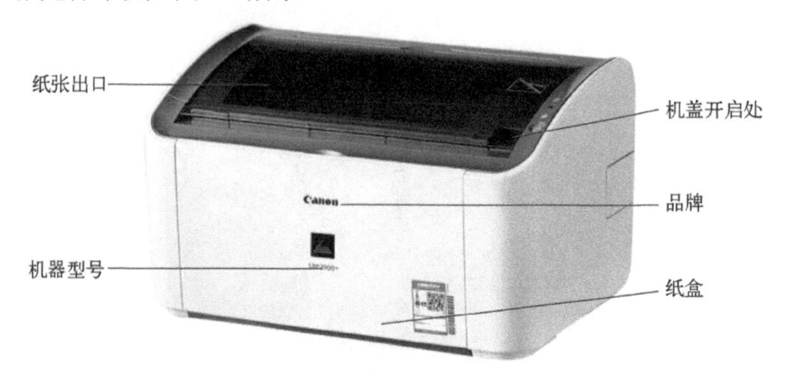

图 2-5　佳能 LBP 2900+激光打印机

佳能 MF113 激光一体机如图 2-6 所示。

图 2-6　佳能 MF113 激光一体机

（3）兄弟

兄弟多功能一体机在市面上比较常见。因为兄弟同时为联想代工部分打印机，所以代工机型的操作方法与维修方法基本相同。

兄弟 MFC-7340 激光一体机如图 2-7 所示。

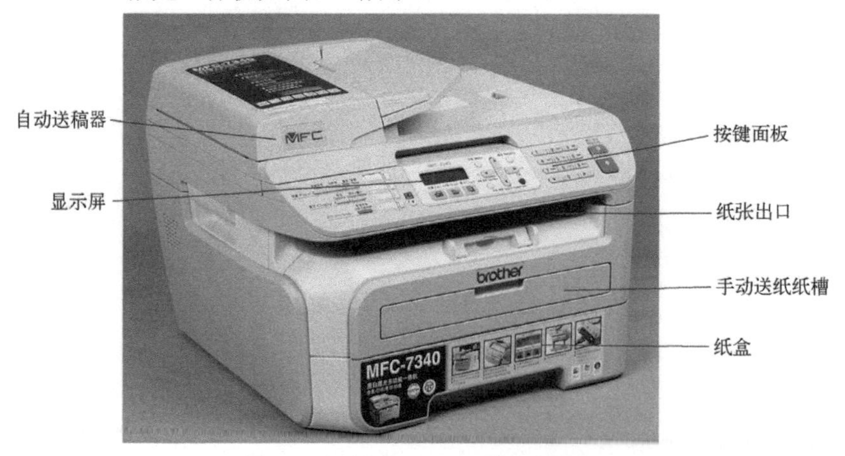

图 2-7　兄弟 MFC-7340 激光一体机

兄弟 DCP-1618 激光一体机如图 2-8 所示。

图 2-8 兄弟 DCP-1618 激光一体机

兄弟 DCP-7080 激光一体机如图 2-9 所示。

图 2-9 兄弟 DCP-7080 激光一体机

（4）联想

联想 M7250 激光一体机如图 2-10 所示。

图 2-10 联想 M7250 激光一体机

联想 7605D 激光一体机如图 2-11 所示。

图 2-11　联想 7605D 激光一体机

联想 M7206 激光一体机如图 2-12 所示。

图 2-12　联想 M7206 激光一体机

（5）奔图

奔图 M6202 激光一体机如图 2-13 所示。

图 2-13　奔图 M6202 激光一体机

奔图 P2206 激光打印机如图 2-14 所示。

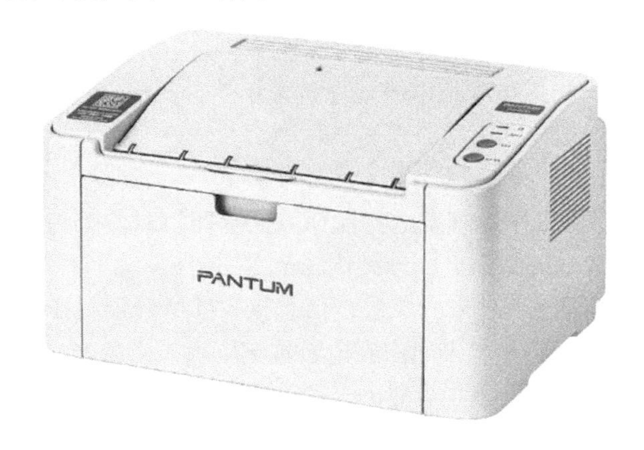

图 2-14 奔图 P2206 激光打印机

2.2 激光打印机的内部结构及其工作原理

2.2.1 激光打印机的内部结构

激光打印机的内部结构由四大部分组成，如图 2-15 所示。

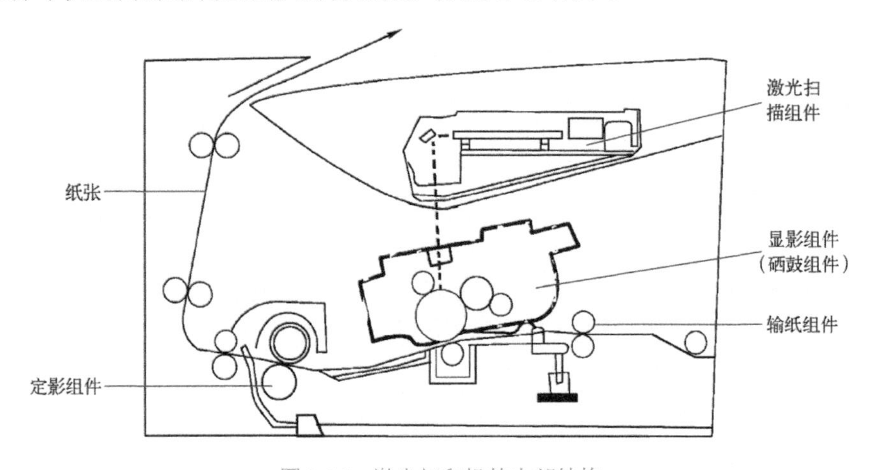

图 2-15 激光打印机的内部结构

① 激光扫描组件：发射带有文字信息的激光束对感光鼓进行曝光。

② 输纸组件：控制纸张在适当的时间进入打印机，并走出打印机。

③ 显影组件：在感光鼓曝光的地方覆盖上碳粉，形成肉眼能看到的图文，并转印到纸张表面。

④ 定影组件：将覆盖到纸张表面的碳粉，通过加压加热的方式熔化并牢牢固定在纸张上。

2.2.2 激光打印机的工作原理

激光打印机是将激光扫描技术和电子显像技术相结合的输出设备。激光打印机因机型不同，功能会有所区别，但工作顺序与原理基本相同。

以常见惠普激光打印机为例，其工作顺序如下。

① 当用户通过计算机操作系统发送打印命令到打印机时，首先经过打印机驱动程序将要打印的图文信息转换成二进制信息，最终传送至主控制板。

② 主控制板把驱动程序送过来的二进制信息接收并解释调至在激光束上，依据此信息控制激光部分发光。同时，感光鼓表面由充电装置充电后，由激光扫描部分产生带有图文信息的激光束对感光鼓进行曝光，曝光后在硒鼓的表面形成静电潜像。

③ 硒鼓与显影系统接触后，潜像变成可见的图文，经过转印系统时，在转印装置的电场作用下，碳粉随即转印到纸张上。

④ 转印完成后，纸张接触消电锯齿，对地放掉纸张所带的电荷后，进入产生高温的定影系统，由碳粉形成的图文便印在纸上。

⑤ 在打印图文信息后，清洁装置把未转印走的碳粉清除，即进入下一个工作周期。

所有激光打印机的工作过程都有充电、曝光、显影、转印、消电、定影、清洁等步骤。

1. 充电

要使感光鼓按照图文信息吸附上墨粉，首先要对感光鼓进行充电。

目前市面上的打印机有两种充电方式：一种是电晕充电；另一种是充电辊充电。两者各有特点。

电晕充电是一种间接充电法，利用感光鼓的导电基层作为一个电极，在感光鼓附近再设置一根很细的金属丝作为另一个电极。在复印或打印时，给金属丝加上一个很高的电压，金属丝周围的空间就形成很强的电场。在电场的作用下，与电晕丝同极性的离子就流向感光鼓表面。由于感光鼓表面的感光体在黑暗中具有很高的阻值，电荷不会流走，因此感光鼓表面电位不断升高，当电位上升到最高接受电位时，充电过程结束。此充电方式的缺点是容易产生辐射与臭氧。

充电辊充电属于接触充电方式，不需要很高的充电电压，相对来说比较环保。激光打印机大部分都采用充电辊充电。

高压电路部分产生高压，通过充电组件给感光鼓表面充上均匀的负电。感光鼓与充电辊同步旋转一周后，整个感光鼓表面被充上均匀的负电，如图 2-16 所示。

2. 曝光

曝光是围绕感光鼓进行的，利用激光束对感光鼓进行曝光。感光鼓的表面是一层感光层，感光层覆盖在铝合金导体表面，铝合金导体接地。

感光层是光敏材料，其特性是遇光导通，未曝光前是绝缘的。在曝光前，由充电装置充上均匀电荷，被激光照射到的地方会迅速变为导体，并与铝合金导体导通，电荷因此对地释放，形成打印纸上的文字区。没有被激光照射到的地方，仍然维持原有电荷，形成打印纸上的空白区。由于该文字图像是不可见的，所以称为静电潜像。

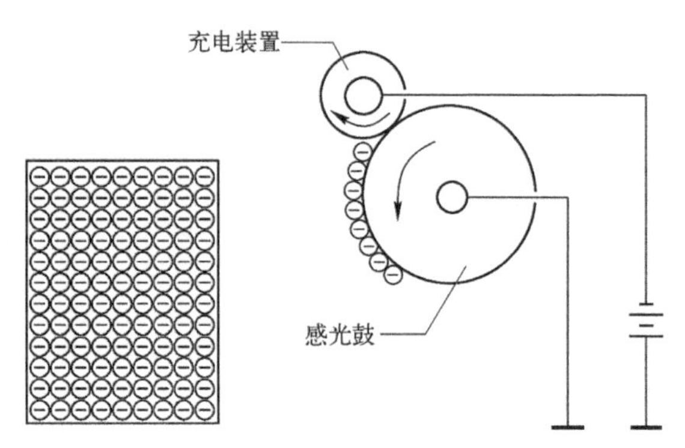

图 2-16　充电原理

在扫描器中还装有一个同步信号传感器，此传感器的作用是，保证扫描间距一致，使照射到感光鼓表面上的激光束达到最好的成像效果。

激光灯发射带有字符信息的激光束，照射到旋转的多面反射棱镜，反射棱镜反射激光束经透镜组照射到感光鼓表面，从而进行感光鼓的横向扫描。主电动机带动感光鼓不断旋转实现激光发射灯对感光鼓的纵向扫描。曝光原理如图 2-17 所示。

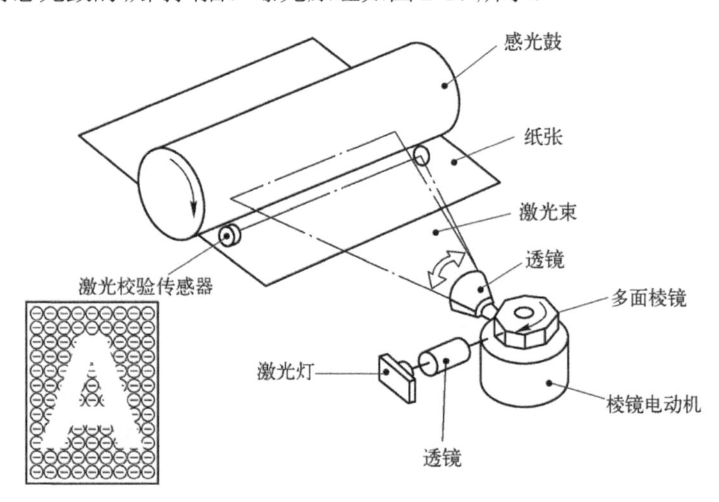

图 2-17　曝光原理

3．显影

显影是利用电荷同性相斥、异性相吸的原理，将肉眼看不见的静电潜像变成可见图文的过程。磁辊（也叫显影磁辊，或简称磁辊）中心有一条磁铁装置。粉仓中的碳粉中含有能被磁铁吸附的磁性物质，所以碳粉必然被显影磁辊中心磁铁吸附。

当感光鼓旋转到与显影磁辊相接位置的时候，感光鼓表面没有被激光照射到的地方与碳粉极性相同，不会吸附碳粉；而被激光照射到的地方与碳粉极性相反，根据同性相斥异性相吸的原理，感光鼓表面被激光照射到的地方就吸附了碳粉，于是在其表面就形成了可见的碳粉图文，如图 2-18 所示。

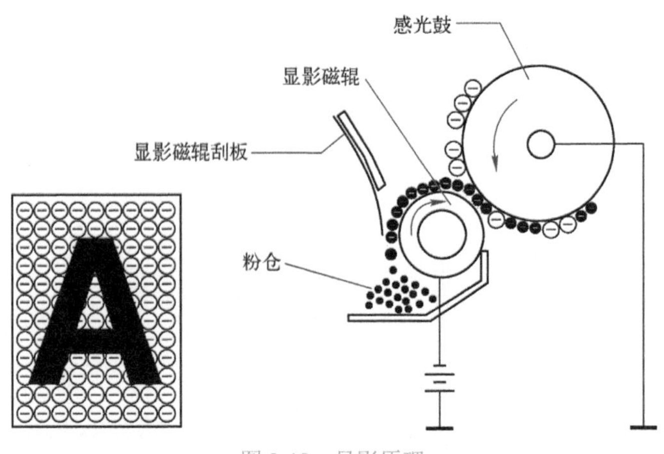

图 2-18　显影原理

4．转印

当碳粉随着感光鼓转到纸张附近时，在纸张的背面有一个转印装置给纸张背面施加转印高压。因转印装置的电压要比感光鼓曝光区所带电压高，所以碳粉形成的图文在充电装置的电场作用下，碳粉被转印到纸张上，如图 2-19 所示。图文因此就显现在纸张表面，如图 2-20 所示。

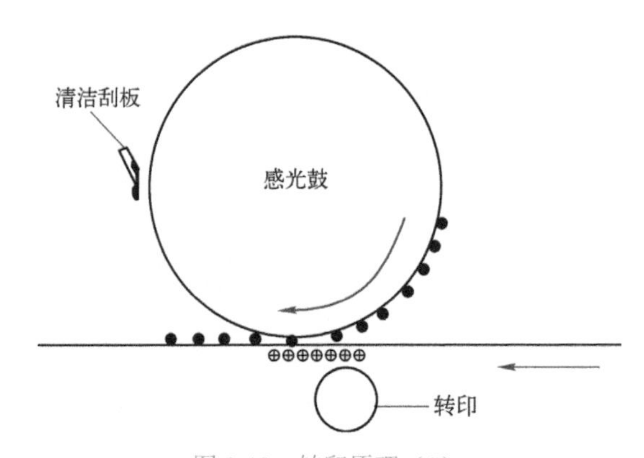

图 2-19　转印原理（1）

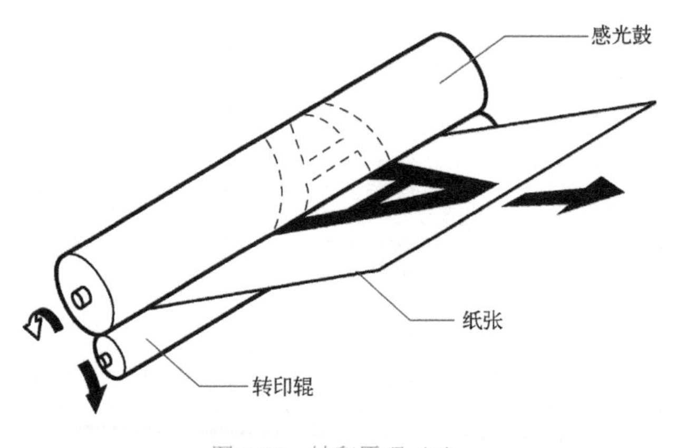

图 2-20　转印原理（2）

5．消电

当碳粉图文转印到纸张上时，碳粉只是覆盖在纸张表面，在纸张输送过程中，碳粉形成的图文结构很容易被破坏。为保证定影之前墨粉图像的完整，转印后会经过一个消电装置，它的作用是消除极性，中和所有电荷使纸张显中性，从而使纸张能够平稳进入定影单元，保证输出印品的质量，如图2-21所示。

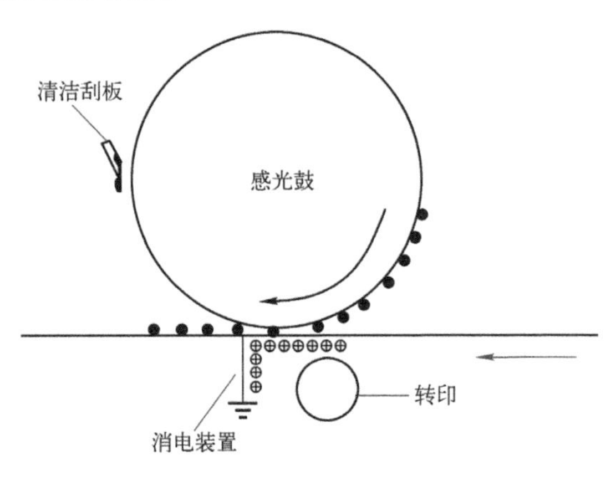

图2-21 消电原理

6．定影

加热定影是利用加压加热的方法将吸附在纸张上的碳粉，熔化并浸入纸张中，在纸张表面形成牢固图文的过程。

碳粉的主要成分是树脂，碳粉的熔点约100℃，定影组件加热辊的温度在180℃左右。

打印过程中，定影器温度达到预定温度 180℃左右，吸附碳粉的纸张经过加热辊（又称上辊）和压力胶辊（又称加压下辊、下辊）之间的缝隙时，高温加热碳粉，使碳粉熔化在纸张上，从而形成牢固的图文，如图2-22所示。

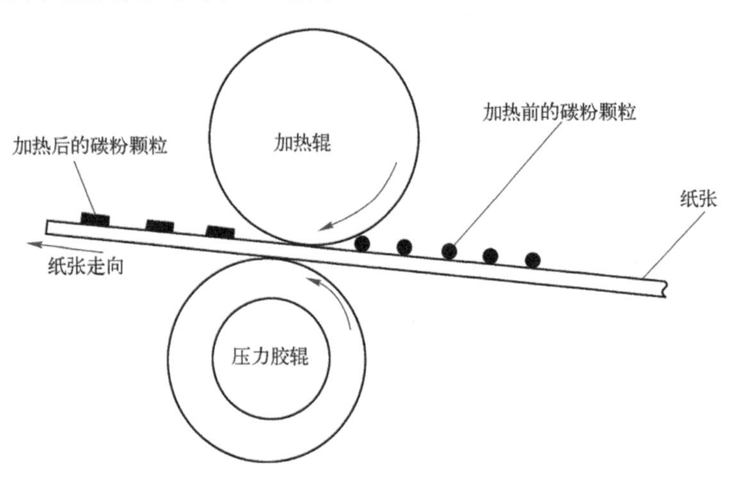

图2-22 定影原理

因加热辊表面涂有不易黏附碳粉的涂层，所以碳粉不会因高温黏附在加热辊表面，定影后的纸张由分离爪与加热辊分离，经输纸轮送出打印机。

7．清洁

清洁过程是将感光鼓上未转印到纸张表面的碳粉刮到废粉仓。

在转印过程时，感光鼓上面的碳粉形成的图像不可能被完全转移到纸张上，如果不加以清洁，残留在感光鼓表面的碳粉就会被带入下一个打印周期，破坏新生成的图像，从而影响打印质量。

清洁过程是由橡胶刮板来完成的，其作用是在感光鼓打印下一个周期前把感光鼓清洁干净。因橡胶清洁刮板的刀刃具有耐磨性和柔韧性，刀刃与感光鼓表面形成一个切角，当感光鼓旋转时，其表面的碳粉就被刮板刮入废粉仓，如图 2-23 所示。

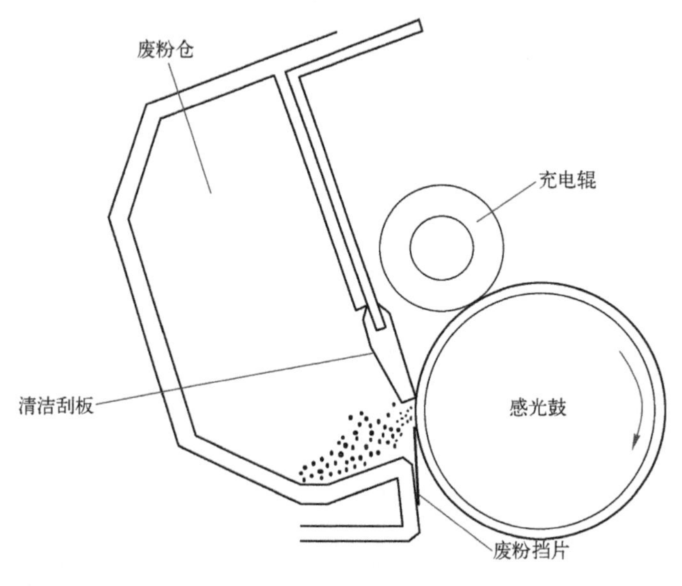

图 2-23　清洁原理

2.3 激光扫描组件

激光扫描组件的工作过程是利用一系列镜面的组合来完成激光的折射。常见激光扫描组件内部有的是六面棱镜，有的则是四面棱镜，但内部结构基本相同。

激光扫描组件由激光灯、多面棱镜、扫描电动机、透镜组、激光校验单元等组成，如图 2-24 所示。有的机型内部还有平面镜。

- 激光灯：发射激光，经过准透镜照射到多面棱镜。
- 多面棱镜：折射激光束到透镜组。
- 扫描电动机：带动多面棱镜旋转。
- 透镜组：聚焦激光并照射到感光鼓表面。
- 激光校验单元：校验激光，并使其同步。

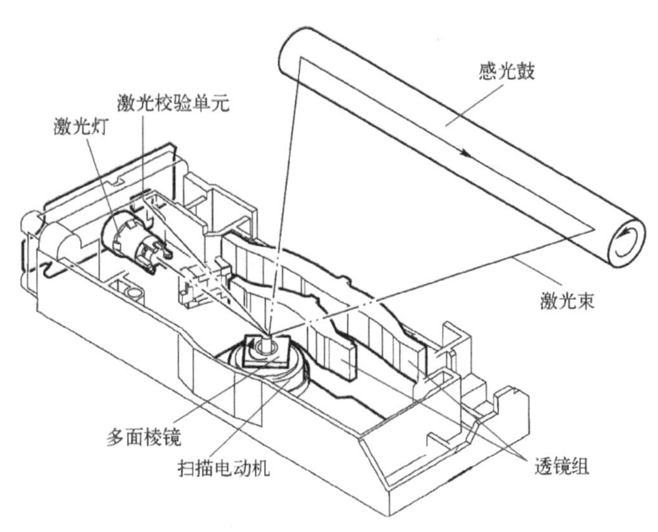

图 2-24 激光扫描组件的内部结构

激光扫描组件内部的反射镜只是用来反射激光的物体，不像电子元器件容易损坏，在使用过程中常见的故障为反射面变脏，导致打印效果下降。

六面棱镜激光扫描组件的实物结构如图 2-25 所示。

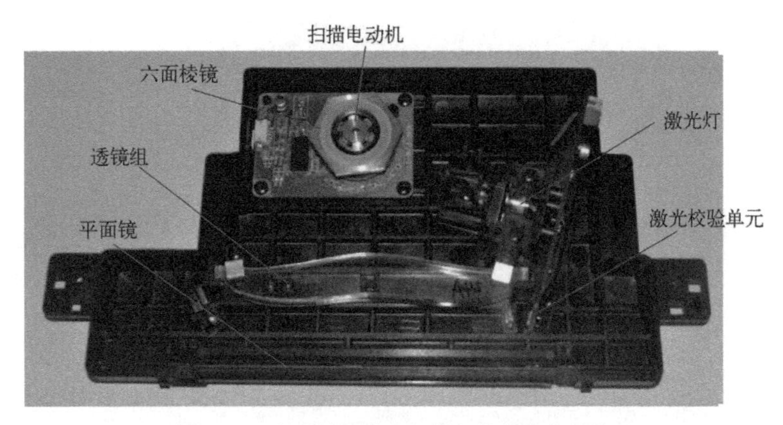

图 2-25 六面棱镜激光扫描组件的实物结构

2.3.1 棱镜及其常见故障处理

激光打印机的多面棱镜由扫描电动机带动旋转，完成感光鼓表面的横向扫描。当打印机内部的主电动机带动感光鼓旋转时，棱镜同时也完成对感光鼓的纵向扫描，最终形成完整的图文转印到纸张上。

棱镜的作用主要是反射激光束，在使用中常见问题为反光面的边角易脏、雾化等因素导致反光性能减弱，从而产生打印图文浅的现象。

注意事项：棱镜是经过抛光处理成镜面状的，清洁棱镜的时候切忌不可用硬物擦拭反射面，以防弄花表面。如果反射面被划伤，只能进行更换才能排除故障。

棱镜的反光面为侧面，清洁的时候是清洁棱镜侧面，一般使用棉签清洁，如图 2-26 所示。

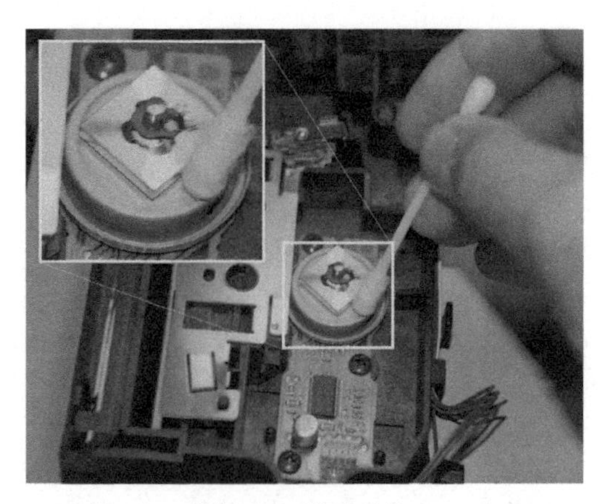

图 2-26　清洁棱镜

2.3.2　透镜组及其常见故障处理

透镜组用来聚焦并校正激光束。

注意事项：透镜是高透光性的塑料制品，不可以用腐蚀性液体清洁，也不可用硬纸擦拭。如果透镜脏污，可用皮老虎进行清洁，或者使用医用棉签来擦拭，如图 2-27 所示。

图 2-27　清洁透镜

清洁时建议不要拆下或移动任何组件，透镜组都是经过精确定位的，移动镜面会造成光线折射移位，导致打印异常或者打印机开机报错等其他故障。特别是打胶固定的组件，不要随便拆卸，如图 2-28 所示。

图 2-28　透镜组的打胶固定处

透镜的透光面脏或雾化后透光性变差，会导致激光减弱，出现打印图文浅淡的现象。

2.3.3　平面镜及其常见故障处理

平面镜在激光器中的主要作用是反射激光束到感光鼓表面。平面镜表面脏污会导致打印竖向白线，打印内容一半有图文一半无图文等。

如果出现上述现象，可以用棉签清洁反光面，如图2-29所示。

图2-29　清洁平面镜

2.4　显影组件

显影组件也就是我们常说的硒鼓组件。硒鼓用来装载碳粉，并利用碳粉显现出图文。

目前市面上常见激光打印机品牌有惠普、佳能、联想、兄弟、三星等。其中，惠普与佳能所使用的硒鼓外形基本相同，联想与兄弟所使用的硒鼓外形基本相同。

惠普激光打印机两种常见的硒鼓型号为HP 2612A（见图2-30）和HP 88A（见图2-31）。

图2-30　HP 2612A硒鼓

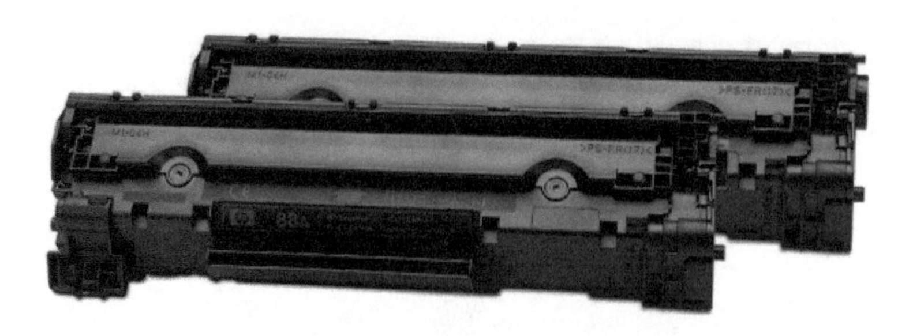

图 2-31　HP 88A 硒鼓

联想 M7250 激光打印机也属于比较常见的，其硒鼓如图 2-32 所示。

图 2-32　联想 M7250 激光打印机的硒鼓

三星激光打印机在市面上使用较多的型号为 SCX-4521，其硒鼓如图 2-33 所示。

图 2-33　三星 SCX-4521 激光打印机的硒鼓

2.4.1　硒鼓内部结构及组件所在位置

激光打印机硒鼓的内部结构基本相似，包含的主要组件有充电辊、显影磁辊、显影磁辊刮板、碳粉、感光鼓、转印辊、清洁刮板等。

以 HP 388A 硒鼓为例，将硒鼓拆开后分为两半：一半为硒鼓部分；一半为粉仓部分。其内部结构如图 2-34 所示。

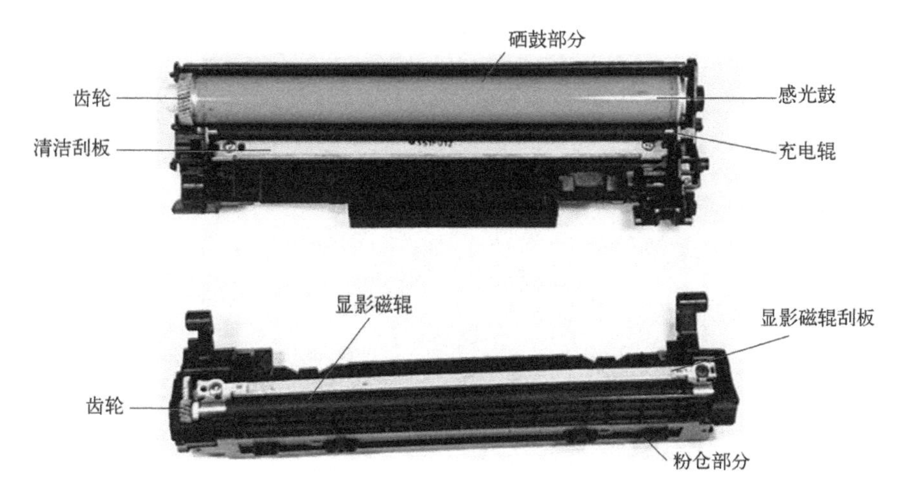

图 2-34　硒鼓内部结构

硒鼓部分包含感光鼓、充电辊、清洁刮板等组件。

粉仓部分包含显影磁辊、显影磁辊刮板等组件。

2.4.2　充电辊的常见故障处理

充电装置的作用是使感光鼓表面带有分布均匀并且极性正确的静电荷。

常见充电辊的材质都是由橡胶和聚氨酯材质组成的，其特性为耐磨损、不粘粉。

充电辊出现故障时会存在残余电位。残余电位会影响打印质量。若残余电位过高，将会出现打印底灰现象。

完好的充电辊表面光泽度高，如图 2-35 所示。

图 2-35　完好的充电辊

老化损坏或者脏的充电辊色泽暗淡，严重损坏的充电辊表面存在裂纹，如图 2-36 所示。

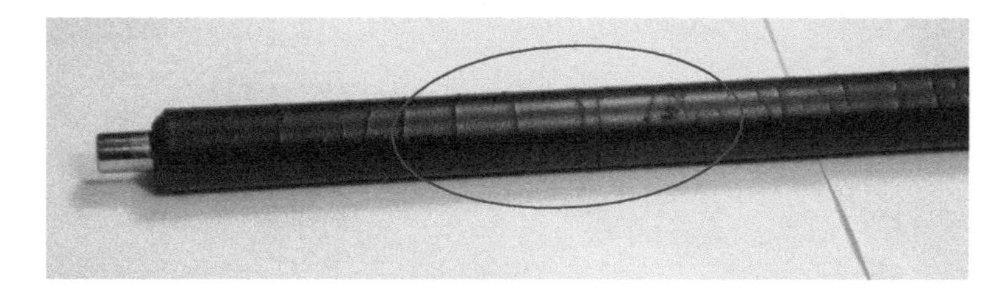

图 2-36　损坏后的充电辊

注意事项：充电辊不可用腐蚀性液体清洁，如酒精、洗板水等。如果发现表面脏，可以用干净的水浸湿布条擦拭，保证干燥后再装回去，如图 2-37 所示。

图 2-37 充电辊的清洁

2.4.3 感光鼓及其常见故障处理

感光鼓简称 OPC（Organic Photo Conductor，有机光导体）。感光鼓主要由导电体铝合金材料及其表面上覆盖的一层感光层和保护层组成。

感光层的特性是遇光导通，导电层铝合金与激光打印机的地线相连，使曝光后的电位对地释放。保护层是为光导层提供保护，防止光导体的磨损，提高使用寿命。

在实际维修中发现感光鼓的损坏绝大部分都是因磨损、划伤导致的。

显影过程是靠一系列机械运转来完成的，期间要不断与其他组件进行接触摩擦，如果感光鼓表面被磨损或划伤，会导致打印质量下降，如竖向黑条、黑边、有规律的黑点和黑块，只有更换才可排除故障。

感光鼓的使用寿命不是以时间来计算的，而是以打印纸张的数量来计算的，一般为8000～10 000 张。

当发现印品出现图像淡浅、碳粉不均匀、打印有规律的黑点等问题时，在排除其他因素外，则可判断是感光鼓的使用寿命已到，需要更换。

正常的感光鼓光泽度好，无划伤，如图 2-38 所示。

图 2-38 正常的感光鼓

磨损后的感光鼓光泽暗淡，有明显磨损痕迹，如图 2-39 所示。

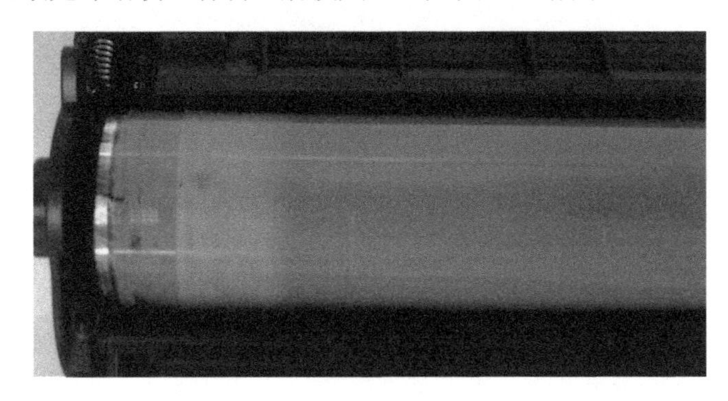

图 2-39 磨损的感光鼓

注意事项：拆装感光鼓要防止硬物划伤，不可用带腐蚀性的液体清洁。当取出感光鼓时，要避免在强光下暴露，应遮盖放置，如图 2-40 所示。

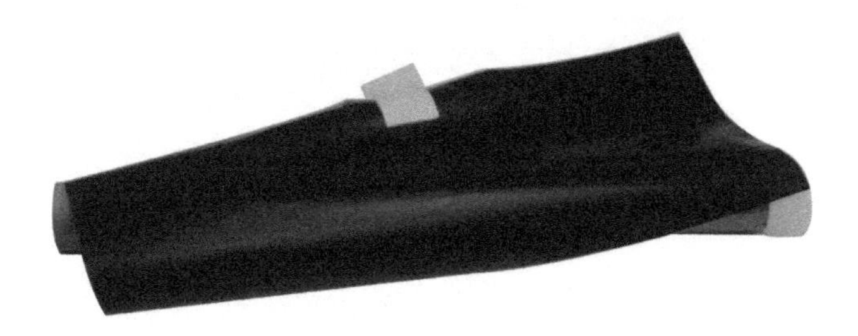

图 2-40 感光鼓的避光放置

2.4.4 显影磁辊及其常见故障处理

显影磁辊中心有一根磁芯属于永久磁铁。显影磁辊的原理就是利用永久磁铁产生的磁性将碳粉吸附到显影磁辊表面后，将碳粉转移到感光鼓表面。

长时间机械运转会使显影磁辊表面磨损。显影磁辊磨损后会裸露出铝合金层，容易导致打印浅、打印竖直白线等故障，如图 2-41 所示。这时只有更换才能排除故障。

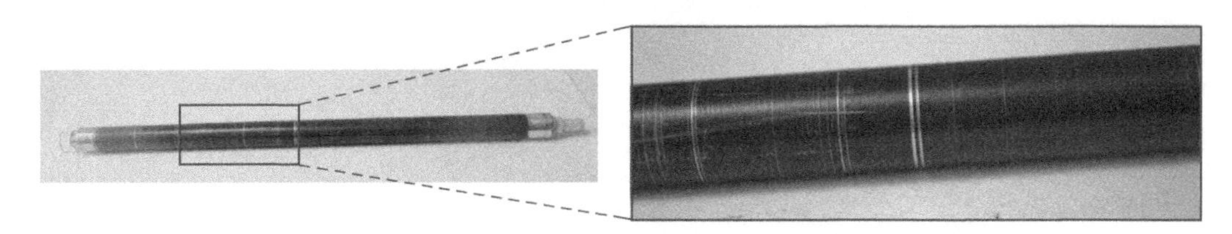

图 2-41 磨损的显影磁辊

当显影磁辊表面有异物或打印质量下降时，可以对显影磁辊表面进行清洁。清洁显影磁辊建议使用软纸巾、棉布或者无尘布擦拭，如图 2-42 所示。

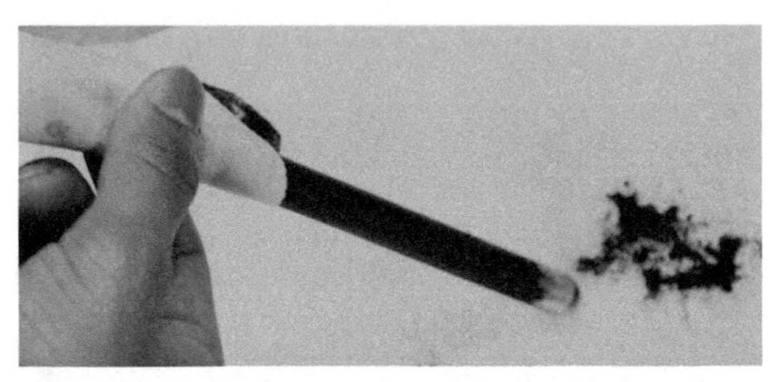

图 2-42　显影磁辊的清洁

注意事项：HP 激光打印机的显影磁辊一边有一个充电弹簧，如图 2-43 所示。在拆装或者清洁过程中充电弹簧容易被折断，折断后会导致印品无内容。

图 2-43　显影磁辊的充电弹簧

2.4.5　清洁刮板及其常见故障处理

清洁刮板（见图 2-44）也叫清洁刮刀，紧贴在感光鼓表面。在打印机的打印过程中，碳粉在硒鼓上形成图像再转印到纸张上。转印过程中会有少量碳粉残留在感光鼓表面，如果不被清除，会影响下一张的打印质量。清洁刮刀的作用就是清洁感光鼓表面残留的碳粉。

图 2-44　清洁刮板

清洁刮刀由金属架及橡胶片构成。清洁刮刀的质量也直接影响硒鼓的使用寿命。好的清洁刮刀材质看起来是半透明带有少许的黄色，硬度适中。

清洁刮刀长时间与鼓芯摩擦，橡胶刀口会出现缺口、变形等情况。清洁刮刀出现缺口或者磨损后，纸张上会产生底灰或竖向的黑线。

当印品出现竖直黑带，可尝试更换清洁刮板来排除故障。清洁刮板磨损后无法修复，直接更换才可排除故障。

2.5 拆装硒鼓与添加碳粉

碳粉主要由树脂、炭黑、电荷剂、磁粉等组成。

碳粉属于耗材，用户的打印量越大，碳粉消耗得就越多。当硒鼓内部的碳粉消耗完后，用户就必须向硒鼓内添加新的碳粉才能使打印机打印出想要的图文。

在打印机维护维修工作中，耗材的更换与添加是非常频繁的，所以拆装硒鼓与添加碳粉是打印机维修人员必须掌握的一项基本技能。

2.5.1 拆装硒鼓与添加碳粉介绍

碳粉放在硒鼓内部。添加碳粉的过程是拆开硒鼓后，把碳粉倒入硒鼓粉仓，再装回被拆散硒鼓。添加碳粉的步骤如下：

第1步 准备工具。

准备对应型号的激光打印机碳粉及拆卸打印机硒鼓的工具，包括螺丝刀、斜口钳、毛刷、皮老虎等，如图2-45所示。

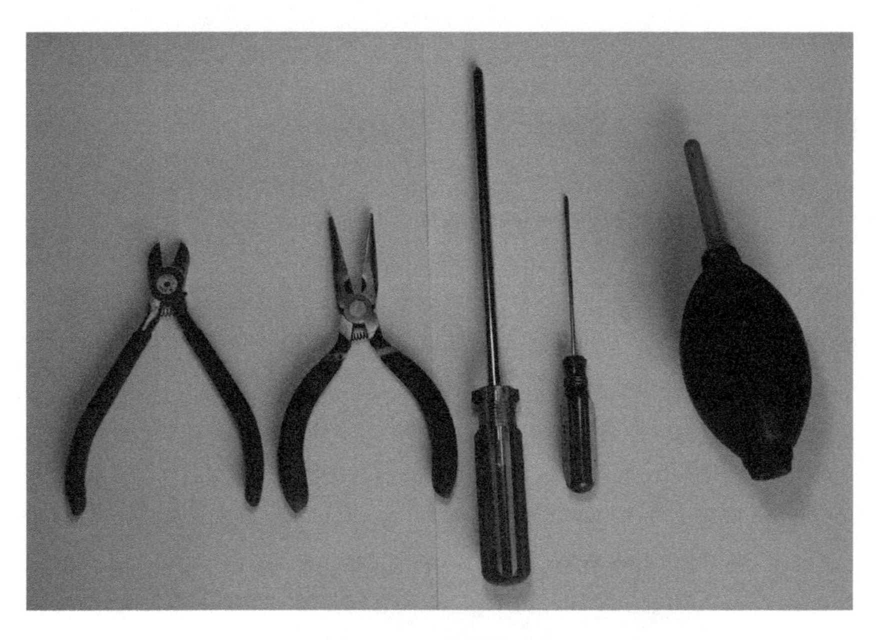

图2-45 硒鼓拆装工具

第2步 拆卸硒鼓。

从激光打印机中取出硒鼓，具体拆卸方法见硒鼓拆装图解（见2.5.2节和2.5.3节）。为了防止污染，应该事先戴上口罩并在添加碳粉处铺一张报纸。注意硒鼓添加碳粉过程中保持工作环境的清洁，拆卸每一个组件时都要按顺序放好，加完碳粉后按逆序装回，如图 2-46 所示。

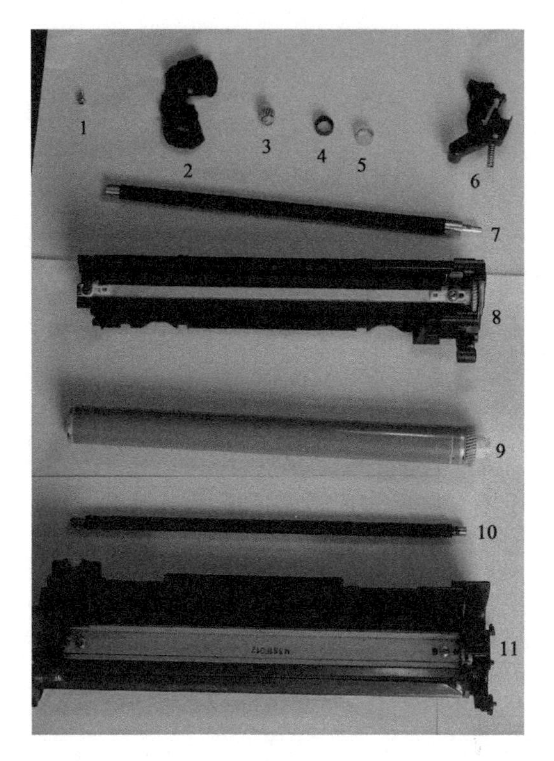

图 2-46　硒鼓的拆装顺序

第 3 步　清除硒鼓内残留的碳粉。

添加碳粉时硒鼓粉仓或废粉仓中往往会残留一些碳粉，如果不加以清除，添加的碳粉与原碳粉有可能因为不兼容而影响打印质量。因此在添加碳粉前要将原硒鼓中的碳粉清理干净。

清洁方法：首先打开加粉口，取出显影磁辊、清洁刮板，将废粉仓和粉仓中的碳粉倒干净，然后用毛刷或者皮老虎去除残留在粉仓边缘的碳粉。粉仓和废粉仓清除干净后，还要对充电辊、显影磁辊上的碳粉进行清除。

第 4 步　添加新碳粉。

上面所提及的组件都清洁完成后，即可向硒鼓粉仓中添加新碳粉了。将碳粉慢慢地倒入硒鼓粉仓中。倒入碳粉时为了避免将碳粉撒到外面，可以使用加粉漏斗，如图 2-47 所示。

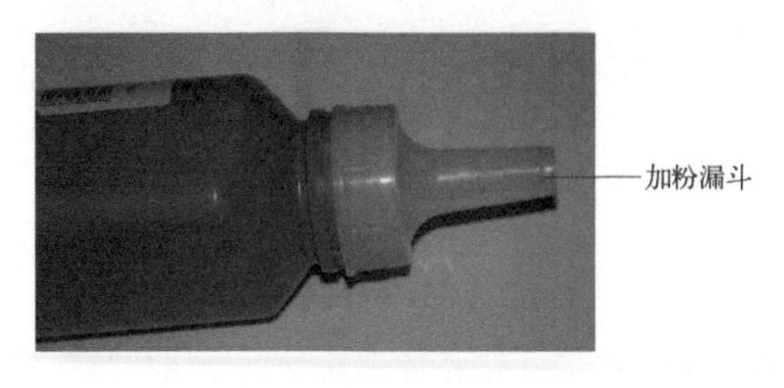

图 2-47　加粉漏斗

如果没有加粉漏斗，可以用半张 A4 纸卷一个漏斗，便于向粉仓中添加碳粉，如图 2-48 所示。

图 2-48 用 A4 纸张制作的漏斗

碳粉添加后，用毛刷或布擦去硒鼓周围的碳粉。添加碳粉后打印测试页，测试打印效果。

2.5.2 图解惠普 HP 2612A 拆装硒鼓与添加碳粉的过程

第 1 步 铺上干净的纸后，拿出硒鼓，如图 2-49 所示。

图 2-49 HP 2612A 硒鼓拆装——将硒鼓放在干净的纸上

第 2 步 找到感光鼓有齿轮一端，拆下两颗固定螺丝，如图 2-50 所示。

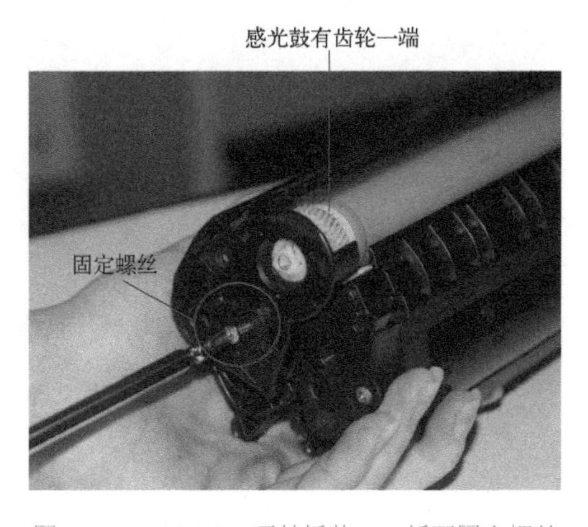

图 2-50 HP 2612A 硒鼓拆装——拆下固定螺丝

第 3 步　沿箭头方向，取出固定胶壳，如果很难取出，则可以轻轻晃动胶壳，如图 2-51 所示。

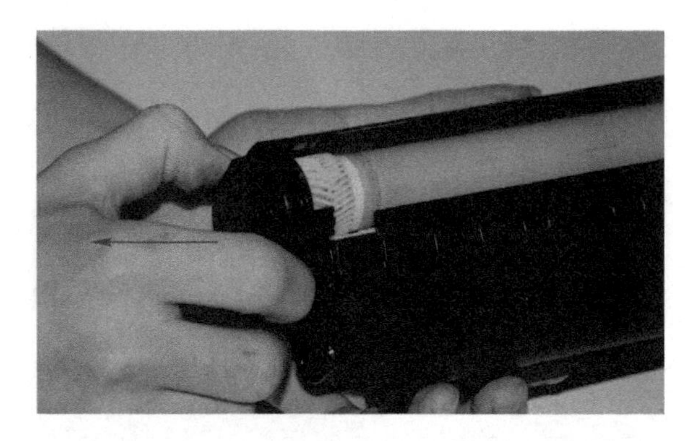

图 2-51　HP 2612A 硒鼓拆装——取出固定胶壳

第 4 步　旋转取出感光鼓，阻力会很大，如图 2-52 所示。注意不能让感光鼓表面刮花，否则会影响打印效果。

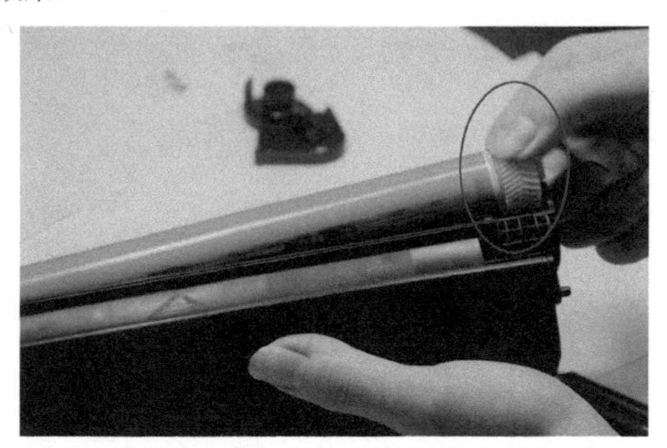

图 2-52　HP 2612A 硒鼓拆装——取出感光鼓

第 5 步　取出硒鼓拉簧。此拉簧很容易弹飞，可以用手压住后再取，如图 2-53 所示。此拉簧也可以在第 2 步就取出，以免丢失。

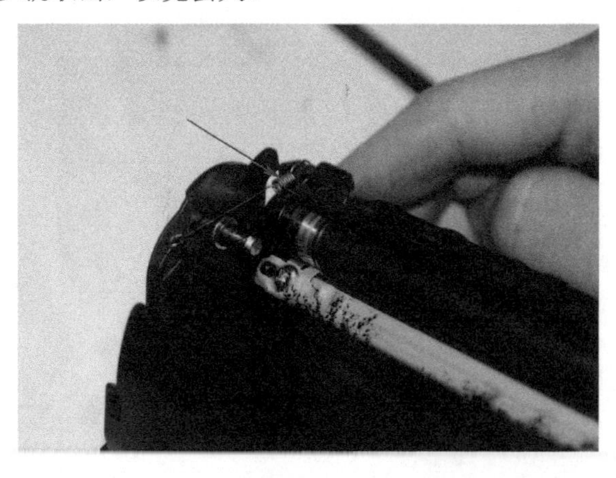

图 2-53　HP 2612A 硒鼓拆装——取出硒鼓拉簧

第 6 步 用尖嘴钳或小螺丝刀取出充电辊，注意不要划伤清洁刮板，如图 2-54 所示。

图 2-54 HP 2612A 硒鼓拆装——取出充电辊（1）

沿箭头方向，取出充电辊，如图 2-55 所示。

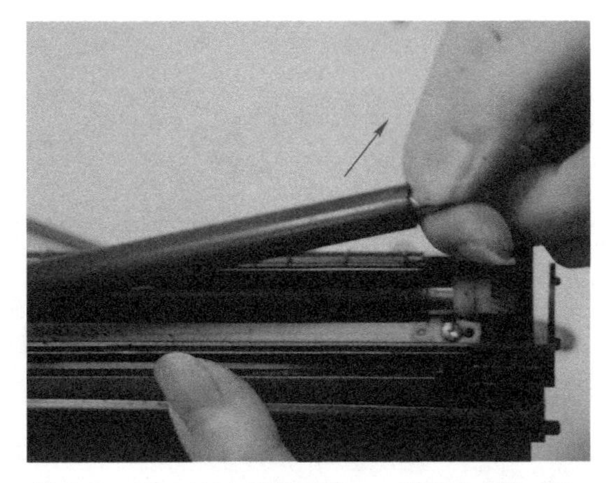

图 2-55 HP 2612A 硒鼓拆装——取出充电辊（2）

第 7 步 拆硒鼓连接销钉。此销钉两侧各有一个，如图 2-56 所示。

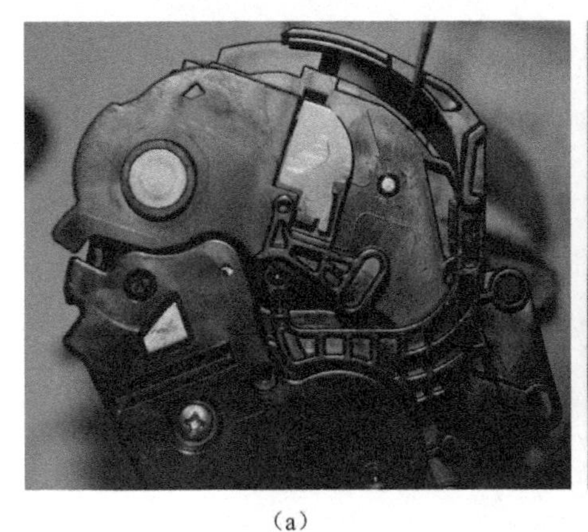

（a）

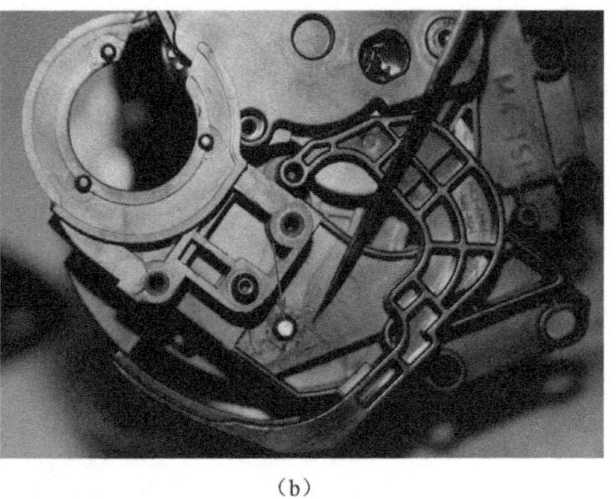

（b）

图 2-56 连接销钉的位置

拆硒鼓销钉，需要一把细的螺丝刀（螺丝刀直径必须小于销钉直径），由内向外顶出销钉。

将螺丝刀放入硒鼓，对准销钉孔向外顶出销钉，如图 2-57 所示。

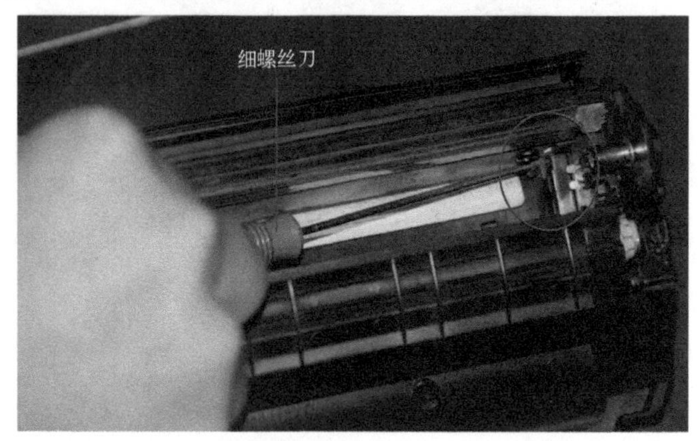

图 2-57　HP 2612A 硒鼓拆装——顶出销钉

当销钉顶出一截后，用斜口钳拔出销钉，如图 2-58 所示。

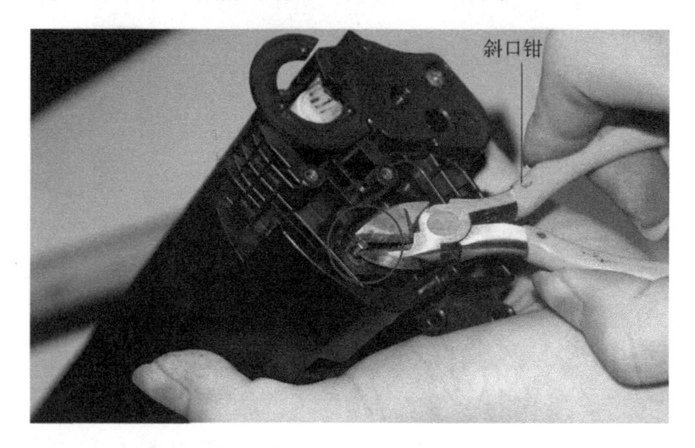

图 2-58　HP 2612A 硒鼓拆装——拔出销钉

取出销钉后，硒鼓即可分为两部分，如图 2-59 所示。

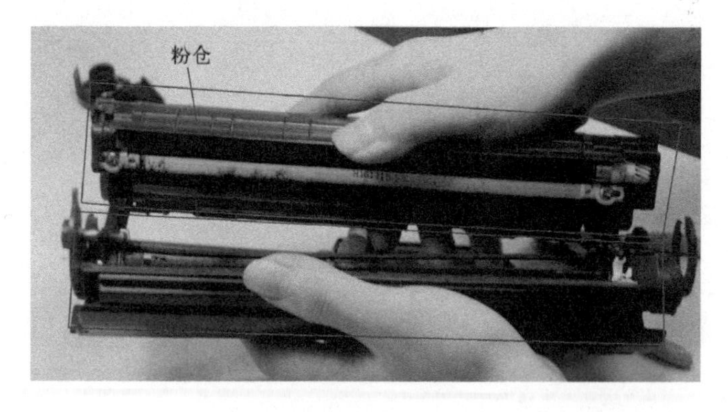

图 2-59　HP 2612A 硒鼓拆装——硒鼓分为两部分

第 8 步 拆下粉仓一端的固定螺丝，如图 2-60 所示。

图 2-60 HP 2612A 硒鼓拆装——拆下粉仓一端的固定螺丝

第 9 步 沿箭头方向取下胶壳，如图 2-61 所示。

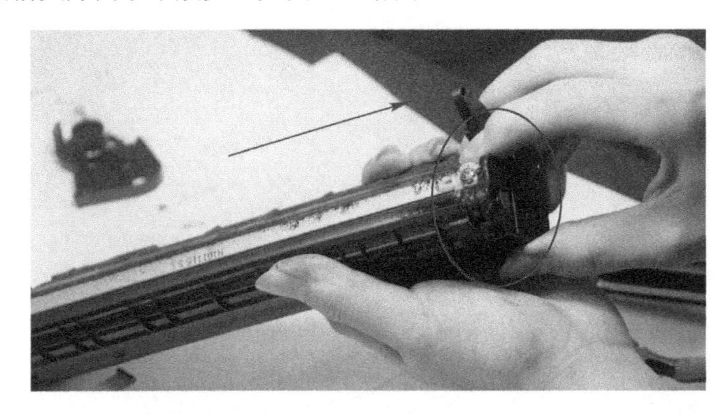

图 2-61 HP 2612A 硒鼓拆装——取下胶壳

取下胶壳后，就可以看到加粉口了，如图 2-62 所示。

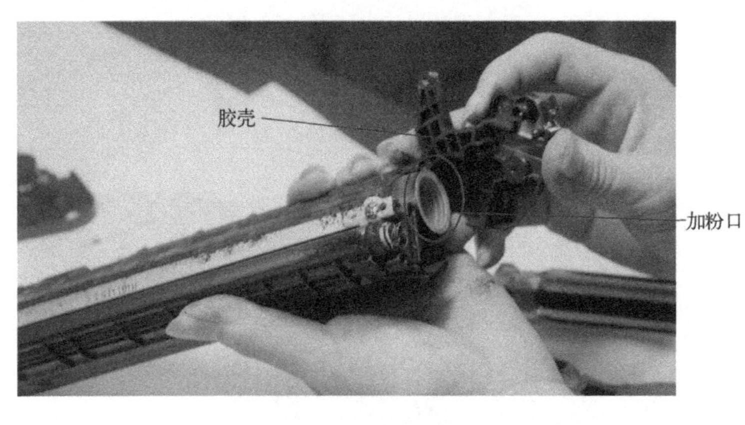

图 2-62 HP 2612A 硒鼓拆装——取下胶壳

第10步　拔出粉仓密封塞，如图2-63所示。

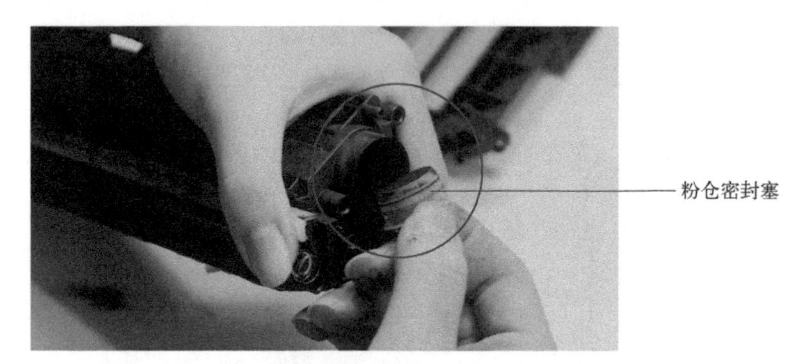

图2-63　HP 2612A硒鼓拆装——拔出粉仓密封塞

第11步　倒入碳粉，如图2-64所示。

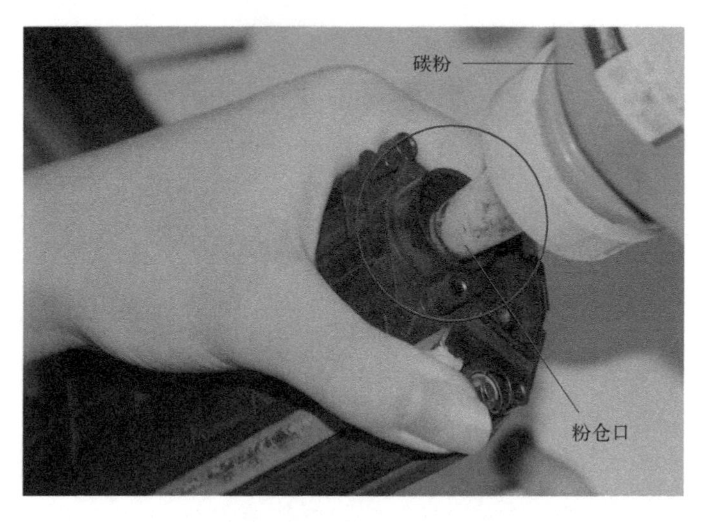

图2-64　HP 2612A硒鼓拆装——倒入碳粉

2.5.3　图解惠普HP 88A拆装硒鼓与添加碳粉的过程

第1步　铺上白纸后，拿出硒鼓，如图2-65所示。

图2-65　HP 88A硒鼓拆装——将硒鼓放在干净的纸上

第 2 步　找到感光鼓带齿轮的一端，拆下固定螺丝，如图 2-66 所示。

图 2-66　HP 88A 硒鼓拆装——拆下固定螺丝

第 3 步　取出固定塑胶，如图 2-67 所示。

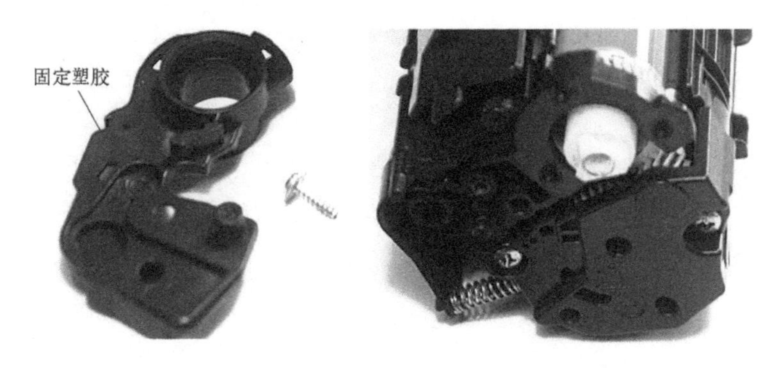

图 2-67　HP 88A 硒鼓拆装——取出固定塑胶

第 4 步　沿着箭头方向推拉硒鼓（见图 2-68），使硒鼓分为两半，如图 2-69 所示。

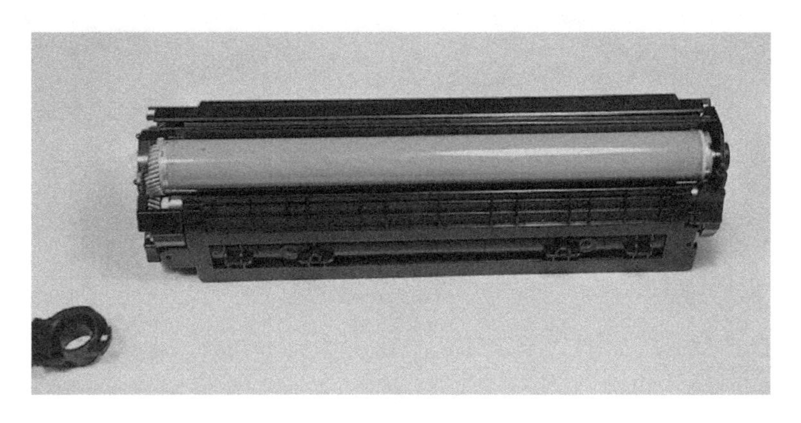

图 2-68　HP 88A 硒鼓拆装——推拉硒鼓

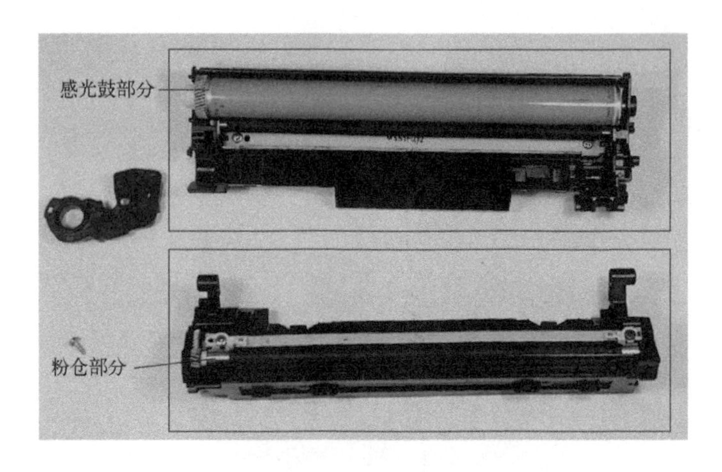

图 2-69 HP 88A 硒鼓拆装——分成两半的硒鼓

第 5 步 取出感光鼓，如图 2-70 所示。

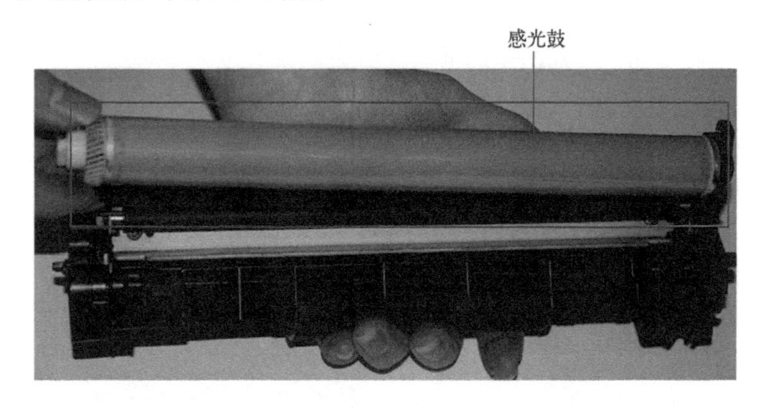

图 2-70 HP 88A 硒鼓拆装——取出感光鼓

第 6 步 取出充电辊，如图 2-71 所示。

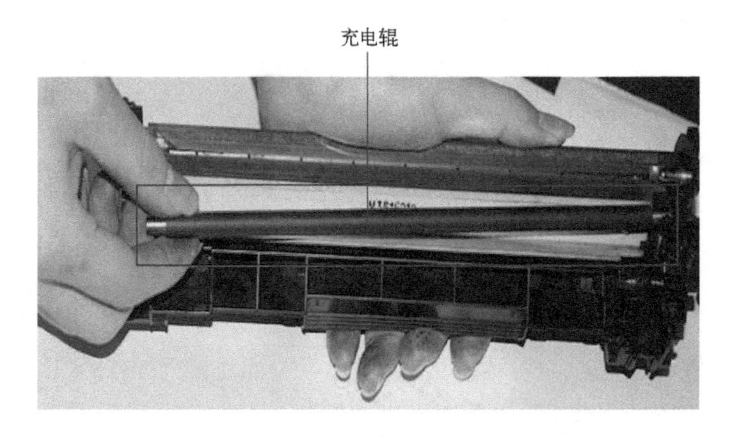

图 2-71 HP 88A 硒鼓拆装——取出充电辊

第7步　取出清洁刮板，如图2-72所示。

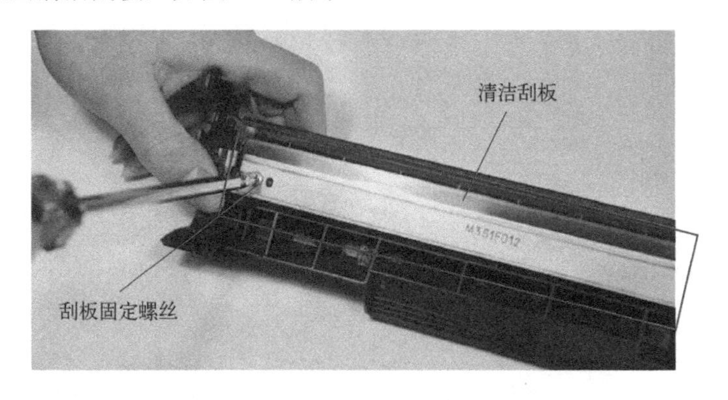

图2-72　HP 88A 硒鼓拆装——取出清洁刮板

第8步　清除废粉仓内的废粉，如图2-73所示。

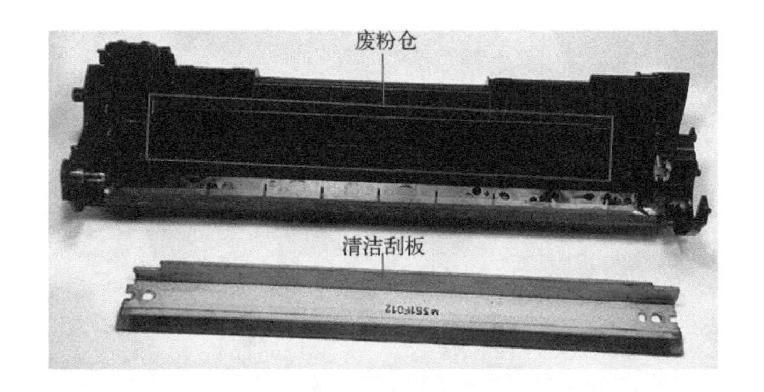

图2-73　HP 88A 硒鼓拆装——清除废粉仓内的废粉

第9步　拆下粉仓无齿轮一侧的螺丝，如图2-74所示。

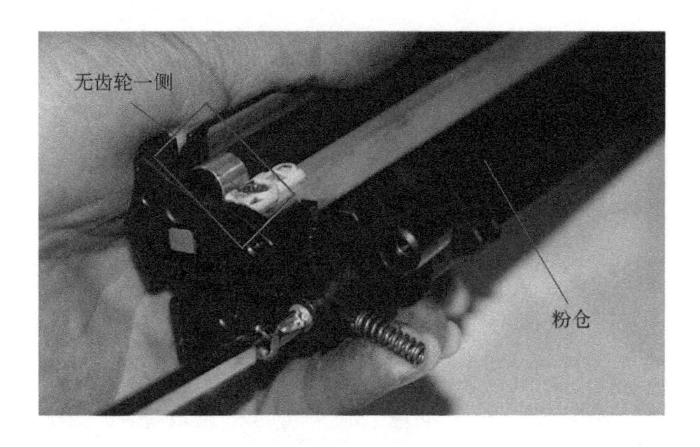

图2-74　HP 88A 硒鼓拆装——拆下粉仓无齿轮一侧的螺丝

第 10 步　取下显影磁辊固定胶壳，如图 2-75 所示。

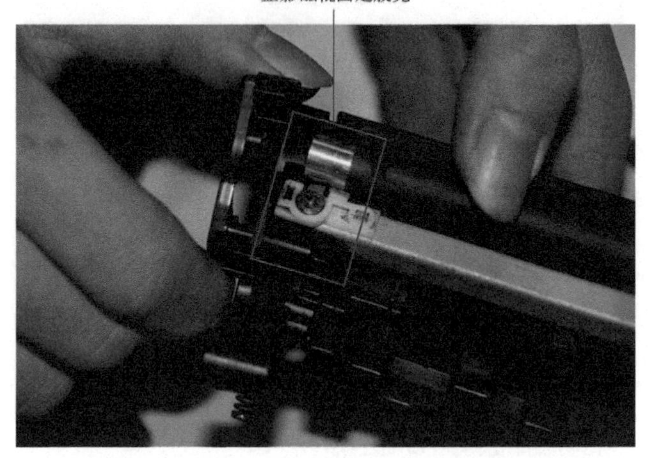

图 2-75　HP 88A 硒鼓拆装——取下显影磁辊固定胶壳

第 11 步　拿出显影磁辊，如图 2-76 所示。

图 2-76　HP 88A 硒鼓拆装——拿出显影磁辊

第 12 步　将碳粉倒入粉仓，如图 2-77 所示。

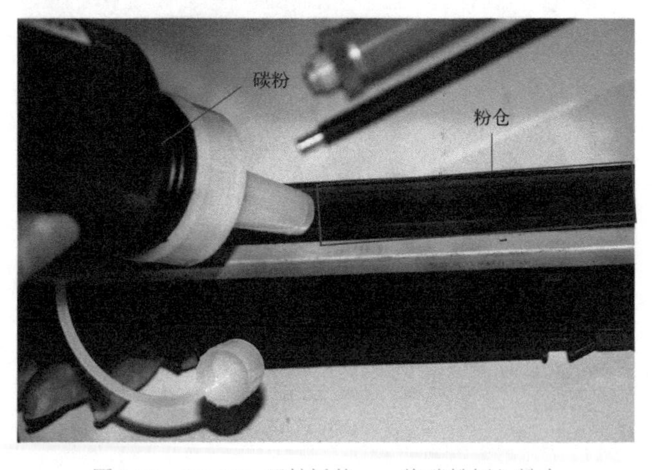

图 2-77　HP 88A 硒鼓拆装——将碳粉倒入粉仓

2.5.4 图解三星 SCX-4521F 拆装硒鼓与添加碳粉的过程

第 1 步　铺上干净的纸，拿出硒鼓，如图 2-78 所示。

图 2-78　SCX-4521F 硒鼓拆装——将硒鼓放在干净的纸上

第 2 步　拆下有金属触点一边的两个固定螺丝，如图 2-79 所示。

图 2-79　SCX-4521F 硒鼓拆装——拆下有金属触点一边的两个固定螺丝

第 3 步　取下胶壳，如图 2-80 所示。

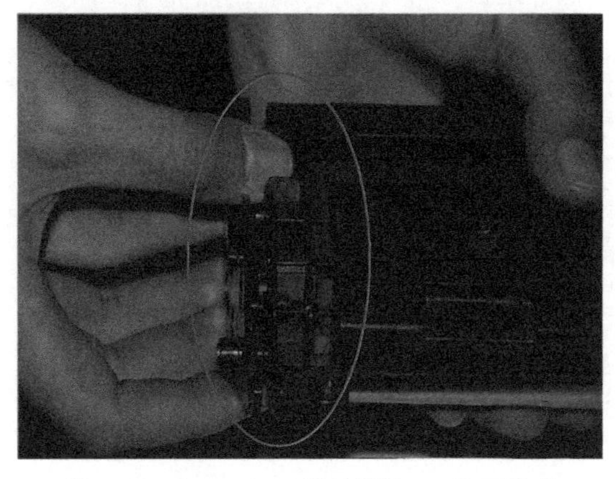

图 2-80　SCX-4521F 硒鼓拆装——取下胶壳

胶壳取下后，就可以看见加粉口，如图 2-81 所示。

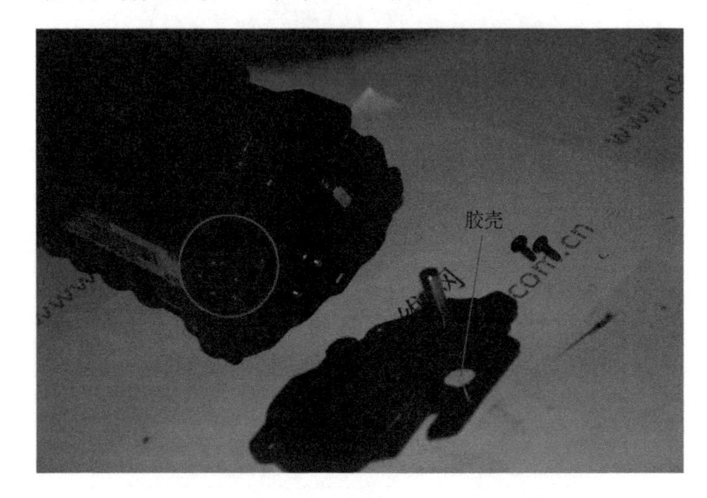

图 2-81　SCX-4521F 硒鼓拆装——加粉口

第 4 步　拔出封口胶塞，露出加粉口，如图 2-82 所示。

图 2-82　SCX-4521F 硒鼓拆装——拔出封口胶塞

第 5 步　对准加粉口倒入碳粉，每次倒入一瓶碳粉即可，如图 2-83 所示。

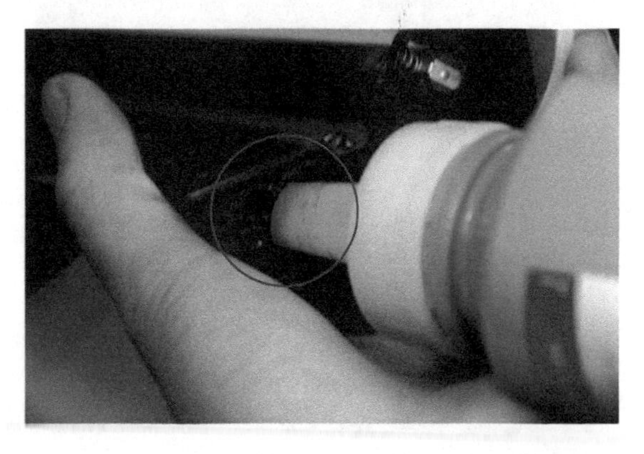

图 2-83　SCX-4521F 硒鼓拆装——倒入碳粉

2.5.5 图解三星 SCX-4521F 拆装硒鼓配件的过程

除了添加碳粉，有的时候也涉及更换配件，以下是三星 SCX-4521F 拆装硒鼓配件的图解。

第 1 步 找到废粉仓，如图 2-84 所示。

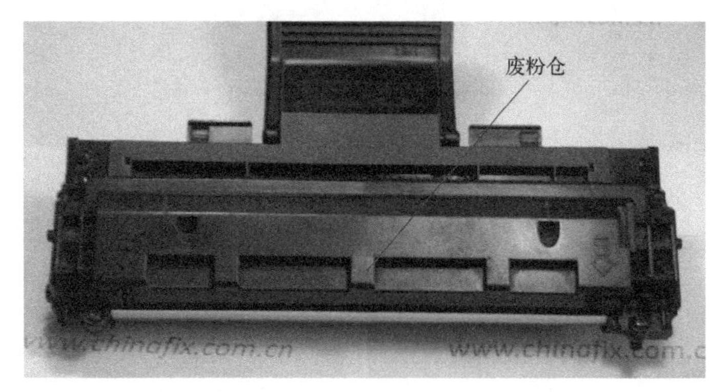

图 2-84 SCX-4521F 硒鼓拆装——找到废粉仓

第 2 步 取下固定废粉仓的两个螺丝，如图 2-85 所示。

图 2-85 SCX-4521F 硒鼓拆装——取下固定废粉仓的两个螺丝

第 3 步 沿箭头方向提起废粉仓部分，如图 2-86 所示。拿出后小心放置，以免废粉泄漏。

图 2-86 SCX-4521F 硒鼓拆装——提起废粉仓

废粉仓取下后可以看见充电辊、感光鼓等组件，如图 2-87 所示。

图 2-87　SCX-4521F 硒鼓拆装——看见充电辊、感光鼓等组件

第 4 步　拆卸充电辊。沿箭头方向推动充电辊，如图 2-88 所示。

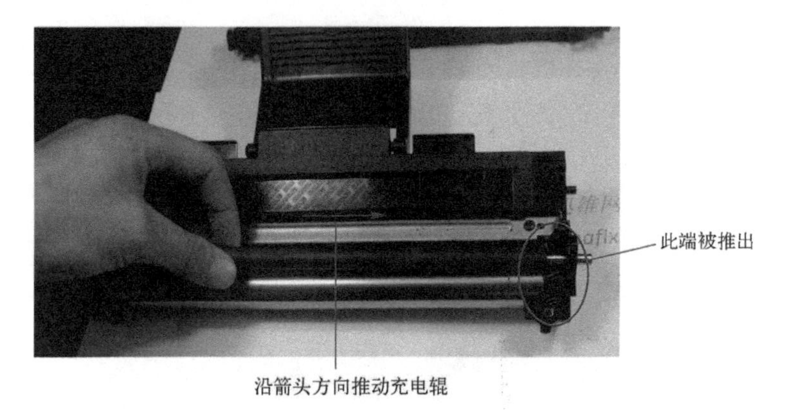

图 2-88　SCX-4521F 硒鼓拆装——推动充电辊

待一端推出后，另一端向上抬起即可取出充电辊，如图 2-89 所示。

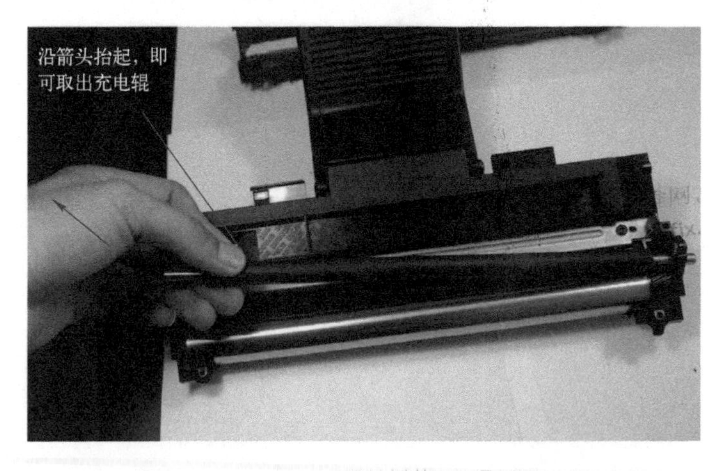

图 2-89　SCX-4521F 硒鼓拆装——取出充电辊

第 5 步　拆卸感光鼓，如图 2-90 所示。

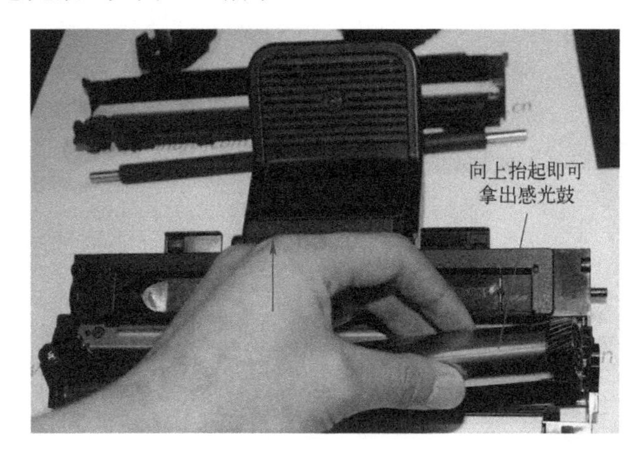

图 2-90　SCX-4521F 硒鼓拆装——拆卸感光鼓

第 6 步　拆卸显影磁辊刮板。标记点为显影磁辊刮板固定螺丝，如图 2-91 所示。

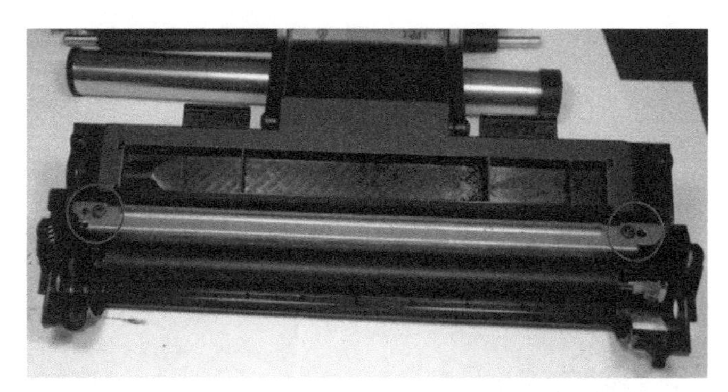

图 2-91　SCX-4521F 硒鼓拆装——显影磁辊刮板固定螺丝的位置

取出显影磁辊刮板固定螺丝，如图 2-92 所示。

图 2-92　SCX-4521F 硒鼓拆装——取出显影磁辊刮板固定螺丝

两端螺丝拆除后，向上提起显影磁辊刮板即可将其取出，如图 2-93 所示。

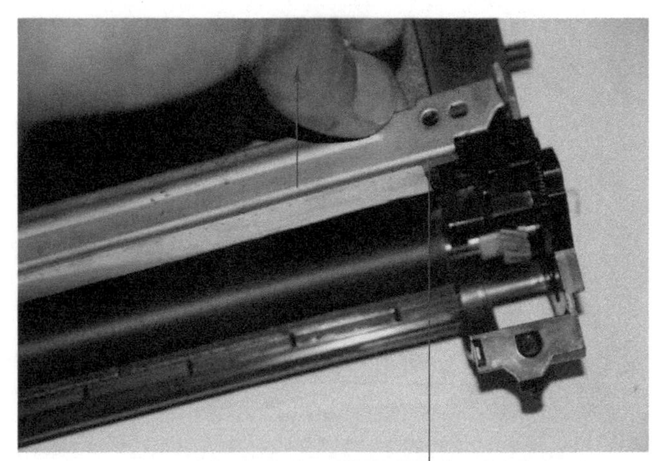

图 2-93　SCX-4521F 硒鼓拆装——取出显影磁辊刮板

2.6 输纸组件

2.6.1 搓纸轮及其常见故障处理

1．搓纸轮介绍

搓纸轮主要由一块带有摩擦力的橡胶皮与一个塑胶支架组成，如图 2-94 所示。

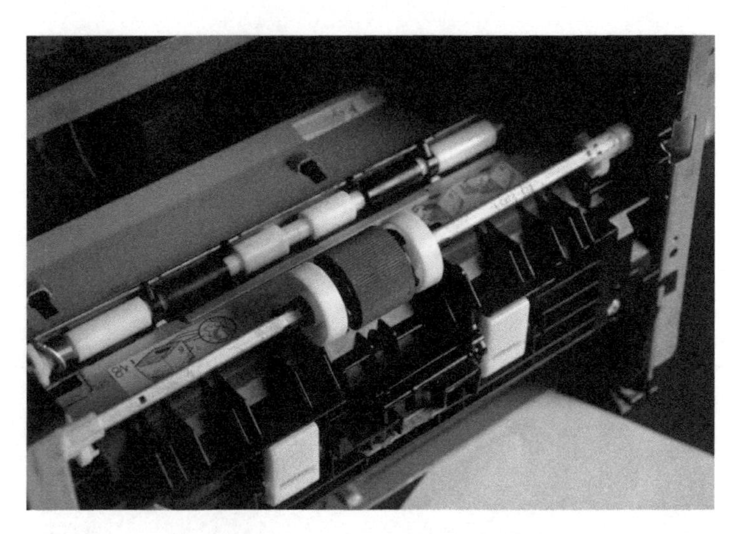

图 2-94　搓纸轮在打印机中的位置

主电动机带动齿轮组与传动轴转动，搓纸轮随之转动，搓纸轮上的橡胶皮与纸张接触，转动时利用橡胶皮表面的摩擦力带动纸张走动进入纸路。

2．搓纸轮常见故障处理

搓纸轮长时间与纸张摩擦会造成橡胶皮表面的纹路磨损，摩擦力减小，导致纸张未在规定的时间内送到指定位置从而造成卡纸现象。

磨损后的搓纸轮表面反光，没有纹路。磨损的地方与未磨损的地方有明显色差，如图 2-95 所示。

图 2-95　磨损的搓纸轮

未磨损的搓纸轮，纹路明显，整体颜色均匀，如图 2-96 所示。

图 2-96　完好的搓纸轮

3．拆装搓纸轮

除部分老款打印机外，目前市面上大部分激光打印机搓纸轮的拆装方法类似。

第 1 步　在搓纸轮旁边有两个塑胶卡扣，向下压住两个塑胶卡扣。

第 2 步　沿箭头方向左右拉动塑胶卡扣，如图 2-97 所示。

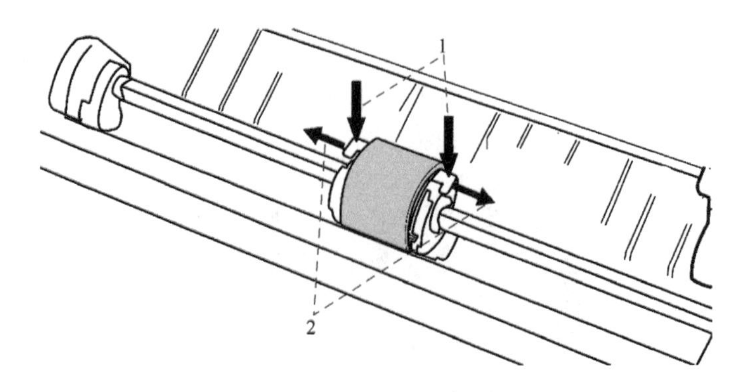

图 2-97　搓纸轮拆装——拉动塑胶卡扣

第 3 步　沿箭头方向拉动搓纸轮即可取出，如图 2-98 所示。

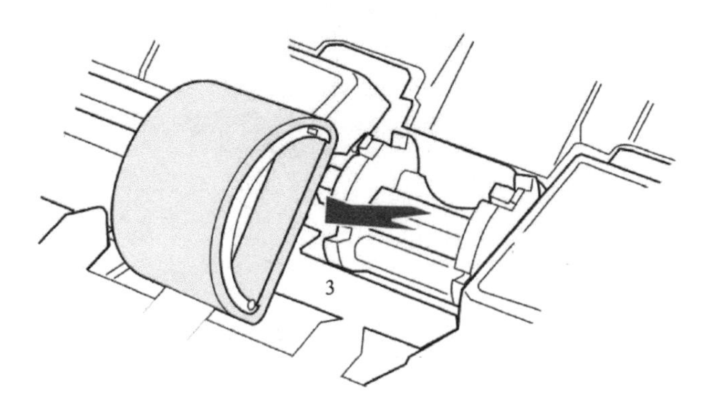

图 2-98　搓纸轮拆装——取出搓纸轮

故障处理：用湿抹布或酒精擦拭表面。转动改变受力位置，把未磨损的位置转动到受力点。

如整个面磨损，则需要更换搓纸轮。如果只换表面的胶皮，需要注意区分方向。

2.6.2　分页器及其常见故障处理

分页器的作用是配合搓纸轮在搓纸时将纸分为单张的组件。分页器一般在搓纸轮的正下方。

分页器主要由两部分组成：主体是比较硬的塑料架：另一部分是直接接触纸张的橡胶垫。

橡胶垫表面比较粗糙，具有一定的摩擦力，其原理就是利用自身摩擦力防止第二张纸跟着第一张纸向前移动。

分页器使用一定的时间后，橡胶垫没有摩擦力，搓纸轮就会带动第二张纸进入打印机，造成多张进纸的故障。一次性进入太多纸张，就会导致卡纸。

已磨损的分页器，表面反光而且颜色深浅不一，如图 2-99 所示。

图 2-99　已磨损的分页器

未磨损的分页器色泽均匀、不反光，表面呈磨砂状，如图 2-100 所示。

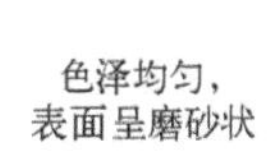

图 2-100　未磨损的分页器

打印机在使用过程中，碳粉、纸屑、灰尘等覆盖到分页器会导致多页进纸的故障。如果脏，可以用无尘布清洁，如图 2-101 所示。

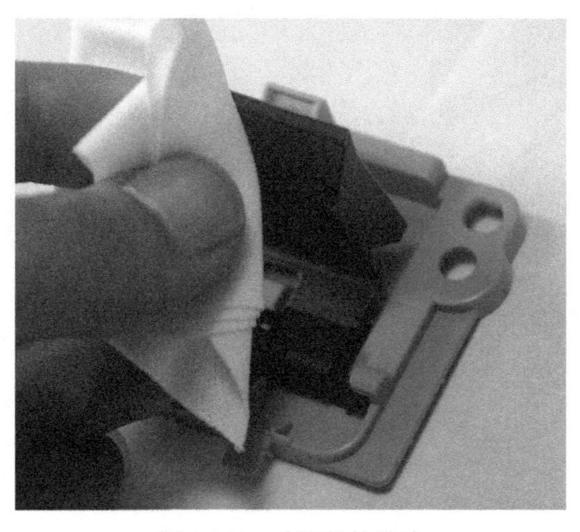

图 2-101　分页器的清洁

2.6.3　纸尽传感器及其常见故障处理

纸尽传感器大多采用的是光敏传感器，其内部由一个发光二极管和光敏二极管组成，分别被封装到一个U形塑料壳内，位置相对，中间有一个控制杆塑料片，用来遮挡发光二极管的光束，如图2-102所示。

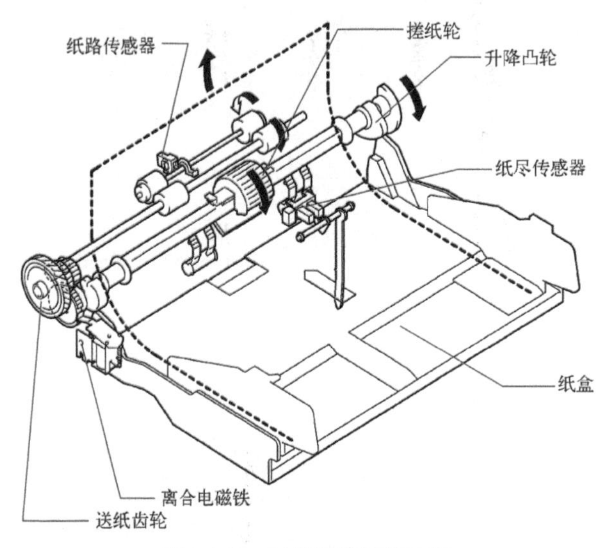

图2-102　纸尽传感器的位置

光敏二极管接收不到光，就不能导通，逻辑控制电路也不工作。当搓纸轮带动纸张进入打印机后，传感器中间的遮挡片被纸张撞开，发光二极管的光束射向光敏二极管。光敏二极管受光导通，通知逻辑控制电路发出指令，控制打印机下一个时段的工作。

当用户发送打印命令后，纸尽传感器故障或纸盒内没有纸张时，逻辑控制电路检测不到传感器发出的信号，打印机就通过显示屏或指示灯提示用户，纸盒内没有纸张。

当光敏传感器的光源被灰尘或异物遮挡时，会导致打印机检测错误，导致误报缺纸。这时需要对纸尽传感器加以清洁才能排除故障。清洁位置为U形槽内部两侧区域，如图2-103所示。

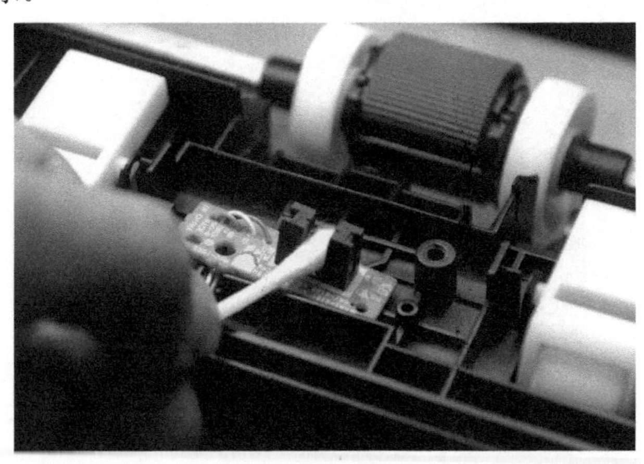

图2-103　清洁纸尽传感器

控制杆塑料片无法复位也会造成误报卡纸故障，重点检查塑料片上的复位弹簧。控制杆塑料片无法复位多数为传感器控制杆复位弹簧移位折断或者变形导致。传感器控制杆复位弹簧的位置如图 2-104 所示。

图 2-104 传感器控制杆复位弹簧的位置

2.6.4 电磁继电器及其好坏判断与常见故障处理

电磁继电器在打印机上的位置如图 2-105 所示。

图 2-105 电磁继电器在打印机上的位置

电磁继电器利用电磁原理来控制搓纸组件的旋转与制动，从而完成纸张的输送。电磁继电器由线圈、铁柱与制动装置组成，如图 2-106 所示。

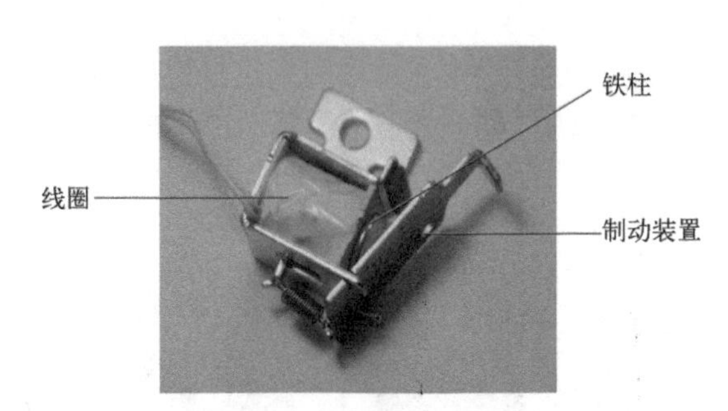

图 2-106　电磁继电器实物

① 线圈、铁柱：当线圈上有电流经过的时候，使铁柱产生磁场吸引制动装置。

② 制动装置：用来控制驱动齿轮的转动与停止。

当线圈有电流通过的时候，铁柱产生磁场吸合制动装置，搓纸驱动齿轮得以释放，带动搓纸轮转动，其表面的橡胶层摩擦带动纸张进入纸路。

制动装置被吸合后，主控制板立即停止给电磁线圈供电，由复位弹簧将制动装置复位，制动搓纸轮转动。

每次发送一次打印命令，电磁继电器将搓纸驱动齿轮释放一次立即复位，送进一张纸，如图 2-107 所示。

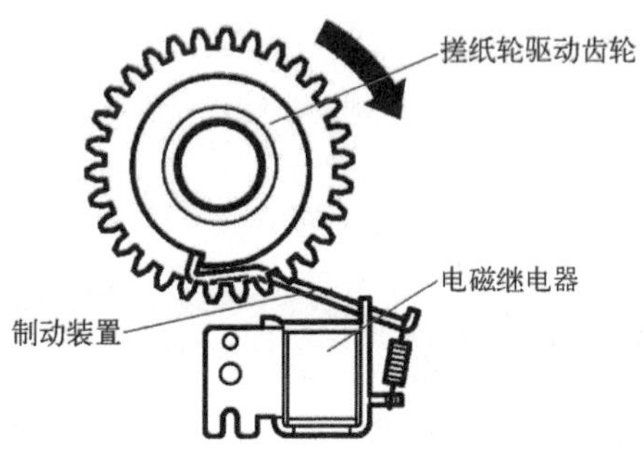

图 2-107　电磁继电器工作原理

电磁继电器的好坏判断：

万用表打到“Ω”挡位，测量电磁继电器的两个引脚，测得阻值在 100Ω 左右即为好，如图 2-108 所示。

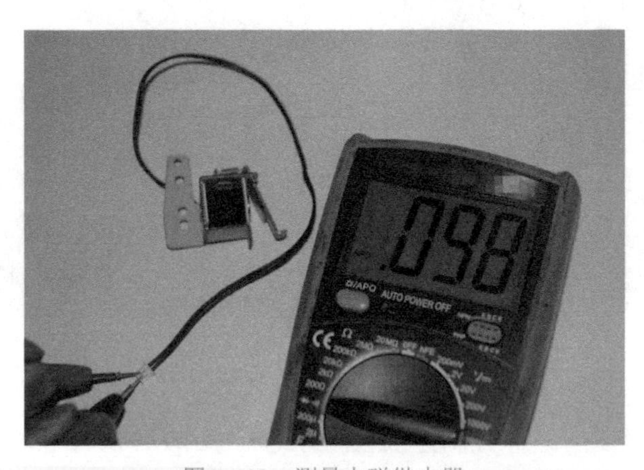

图 2-108　测量电磁继电器

电磁继电器制动铁钩背面的缓冲海绵老化导致粘黏后，制动铁钩延迟复位造成搓纸轮多转动一次或多次，从而导致多张进纸报错卡纸的故障。

缓冲海绵在制动铁钩的背面，如图 2-109 所示。

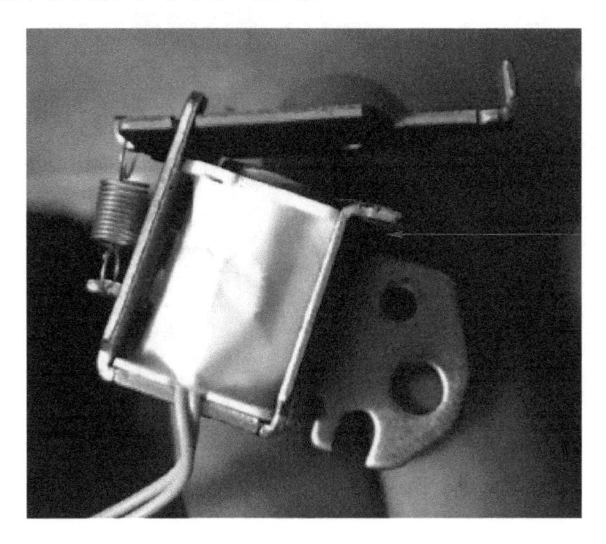

图 2-109 缓冲海绵的位置

如果缓冲海绵老化，拆下制动铁钩查看背面会看到有海绵老化物粘在上面，如图 2-110 所示。

图 2-110 继电器故障处理（1）

要排除故障，先要清洁干净制动铁钩背面，其次还要去除老化的继电器缓冲海绵并贴上胶纸（本例中使用的是锡箔纸），如图 2-111 所示。

图 2-111　继电器的故障处理（2）

处理完成后，装回制动铁钩与复位弹簧，如图 2-112 所示，并手动测试确定无粘黏情况后，装回继电器。

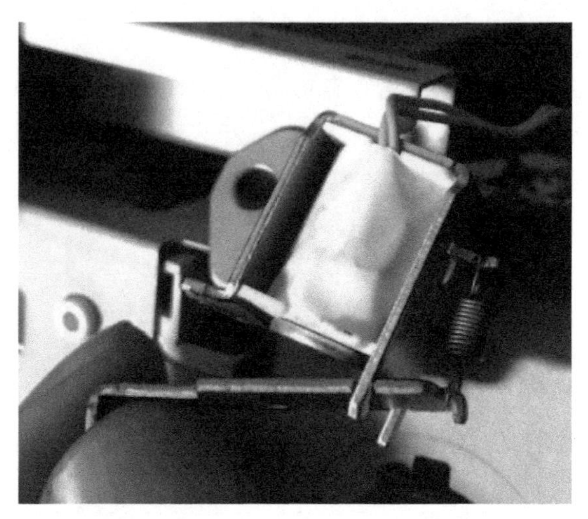

图 2-112　继电器的故障处理（3）

2.6.5　输纸电动机及其好坏判断与常见故障处理

输纸电动机用来带动输纸部分转动。输纸电动机损坏会导致打印机不走纸，有些打印机还会出现开机不过自检，或直接报错误代码。电动机损坏后一般只能直接更换。

常见 4 脚输纸电动机测量方法：数字万用表打到“Ω”挡位，两表笔分别接电动机的 1 脚与 3 脚，测得一组阻值。同样方法再次测量电动机的 2 脚与 4 脚，测得一组阻值。两组阻值相对比一致即为好，不一致即为坏，如图 2-113 所示。

大多数 4 脚电动机的内部结构基本相同，所以针式和喷墨打印机中的 4 脚电动机的测量方法是一样的。

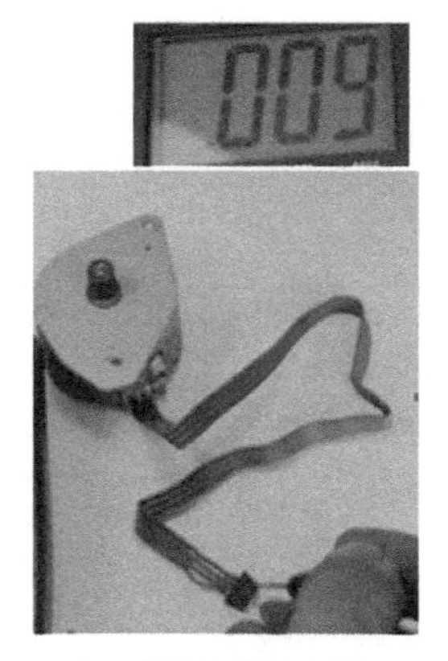

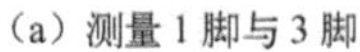

（a）测量 1 脚与 3 脚　　（b）测量 2 脚与 4 脚

图 2-113　4 脚电动机测量

2.7 定影组件

目前的市面上常见的激光打印机所使用的定影器分为两种类型。两种定影器的原理完全相同，都是采用加热与加压相结合的方式，对覆盖在纸张上的碳粉进行加热、固定，区别是所使用的加热组件不同。

一种是利用陶瓷片做加热组件，主要应用在惠普、佳能品牌的激光打印机上。

另一种是利用灯管做加热组件。除了惠普、佳能品牌的激光打印机，其他品牌的激光打印机大多数使用的是灯管式加热。

定影器的主要组件是由一个加热辊和一个压力胶辊组成。

加热辊的作用是产生热源熔化碳粉。

压力胶辊由两个弹簧支撑，使其始终紧贴在加热辊上。

压力胶辊的作用是把熔化的碳粉牢牢地压在纸张表面。

陶瓷片加热定影器包含定影膜、加热陶瓷片、压力胶辊、热敏电阻等，如图 2-114 所示。

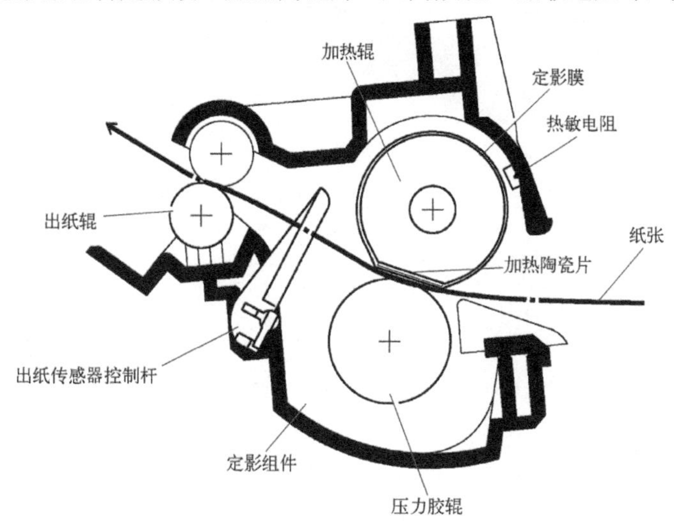

图 2-114　陶瓷片加热定影器的内部结构

灯管式加热定影器包含加热辊、加热灯管、压力胶辊、热敏电阻、热保护开关、分离爪等，如图2-115所示。因角度问题，热敏电阻在图2-115中没有显示出来。

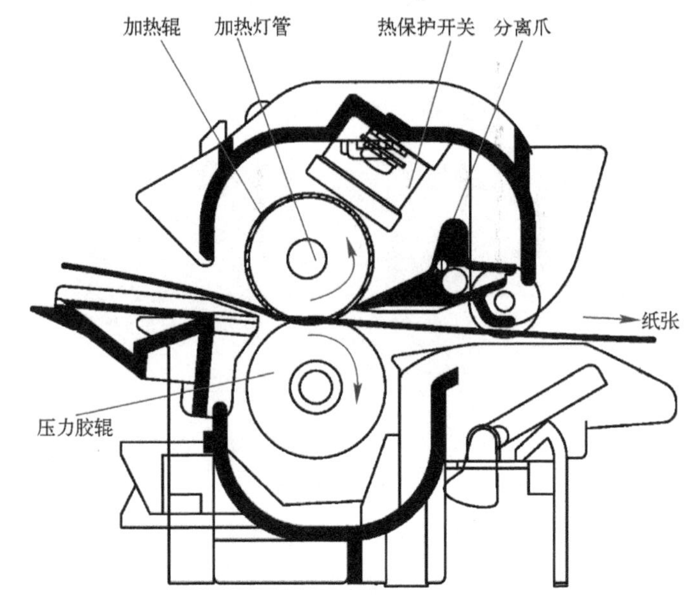

图2-115 灯管式加热定影器的内部结构

灯管式加热定影器的实物如图2-116所示。

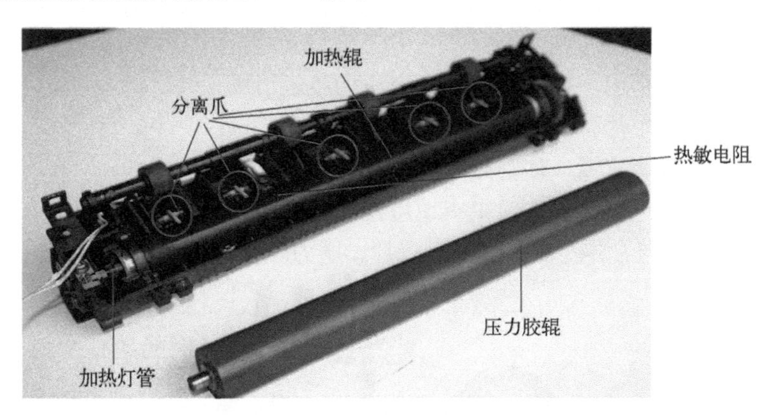

图2-116 灯管式加热定影器实物

2.7.1 定影膜及其好坏判断与常见故障

定影膜常用在惠普、佳能激光打印机的定影器中。定影膜是套在加热陶瓷片外层的，工作的时候定影膜转动，陶瓷片不转动。其主要作用是把陶瓷片产生的热量均匀地传递到纸张表面，达到定影的效果。

定影膜的特性：韧性好，不易碎裂，表面涂层光滑不粘粉，并能导热。

定影膜好坏判断：好的定影膜内壁光滑，厚度均匀，表面无杂点，如图2-117所示。

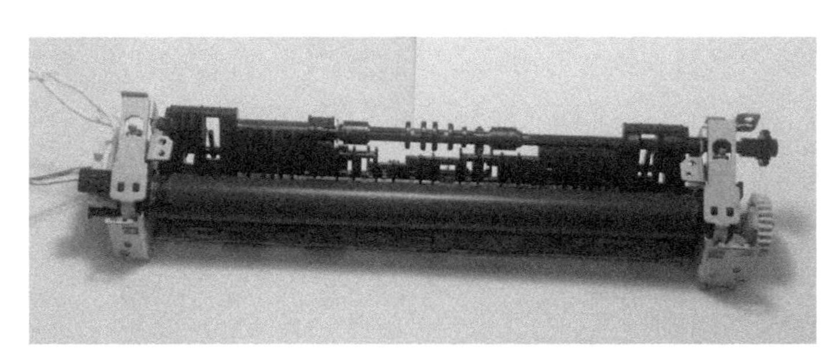

图 2-117 完好的定影膜

用户在使用打印机的时候，经常会因使用不当造成定影膜损坏。损坏的定影膜如图 2-118 所示。

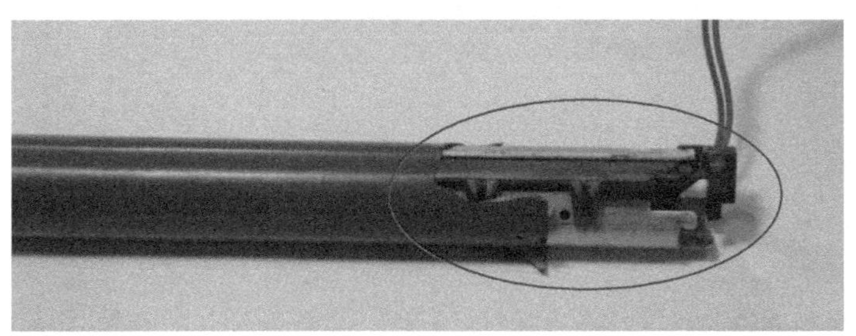

图 2-118 损坏的定影膜

例如，使用二次纸时，纸上残留的订书钉或异物掉进打印机内部等，必然会造成定影膜破损。定影膜损坏后会造成定影不牢或者卡纸的故障。

2.7.2 陶瓷片及其好坏判断

工作的时候陶瓷片紧贴着压力胶辊，是不转动的。陶瓷片在定影膜内部，其作用是加热熔化碳粉。

当铺满碳粉的纸张进入定影器，陶瓷片将碳粉加热融化在纸张纤维中，在纸张表面就形成了牢固文字。

陶瓷片是有使用寿命的，到一定寿命后，陶瓷片就会损坏。陶瓷片损坏后，激光打印机无法加热，主板未检测到温度升高便停止工作。

好坏判断方法：万用表打到“Ω”挡位，若测陶瓷片的阻值在 60Ω 左右，如图 2-119 所示，说明陶瓷片是好的。

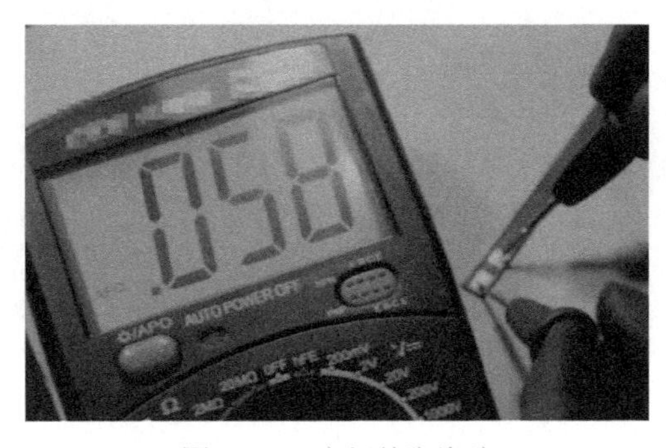

图 2-119 完好的陶瓷片

若测其阻值为无穷大，在数字万用表上显示为“1”，如图 2-120 所示，说明陶瓷片是坏的。

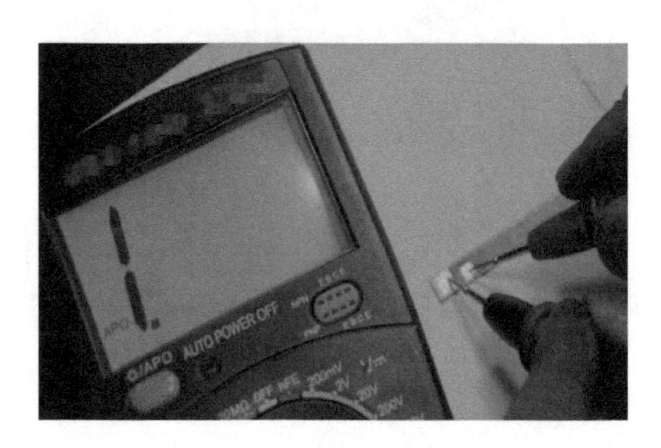

图 2-120　损坏的陶瓷片

2.7.3　热敏电阻及其好坏判断

热敏电阻紧贴着加热辊监测其温度，根据温度的变化，阻值也发生变化，主要起到保护作用，防止定影器过热。

激光打印机定影部分控制温度所使用的热敏电阻都是负温度系数的，其阻值随温度的上升而下降。

热敏电阻监测定影加热辊的温度并反馈给主板，再由主板控制加热装置的开与关。当加热辊的温度低于预设温度时，热敏电阻就会接通定影灯的电源。当加热辊的温度高于预设温度时，热敏电阻将切断定影灯的电源，保持恒定的定影温度。

好坏判断方法：将数字万用表打到“2MΩ”位置，用万用表两表笔测量热敏电阻的两个脚会得出一组阻值，然后给热敏电阻施加热源，观察万用表阻值的变化。如果施加热源后阻值逐渐变小，则证明此热敏电阻是好的，若阻值无变化，说明是坏的，如图 2-121～图 2-124 所示。

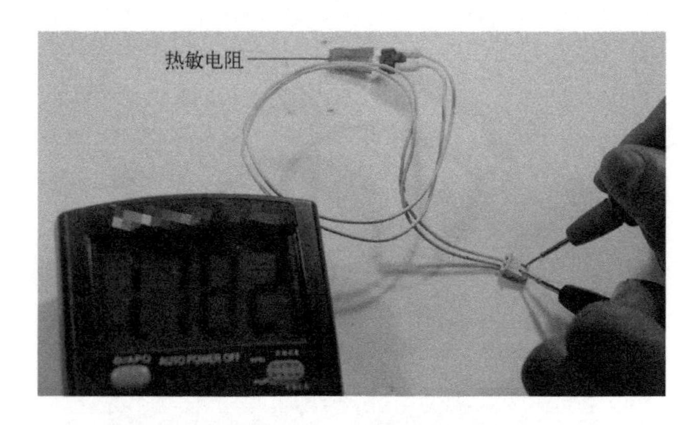

图 2-121　热敏电阻的测量（1）

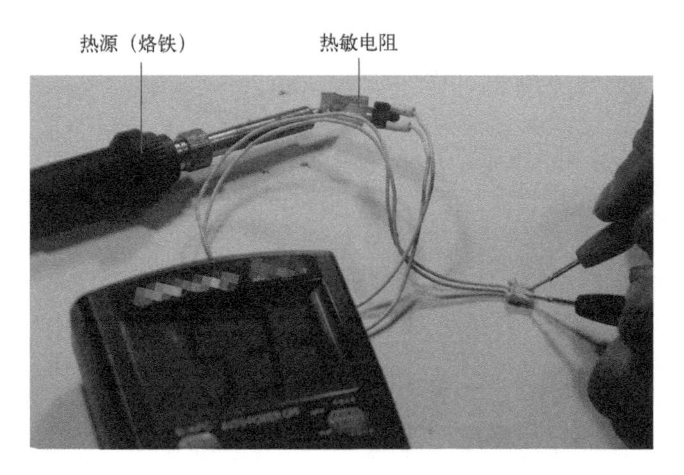

图 2-122 热敏电阻的测量（2）

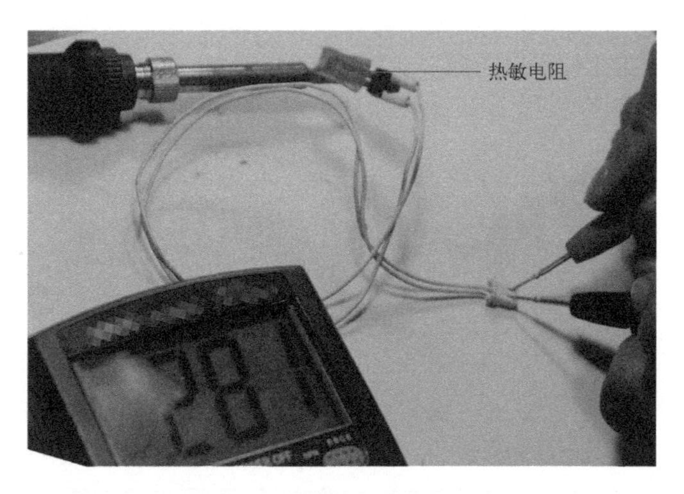

图 2-123 热敏电阻的测量（3）

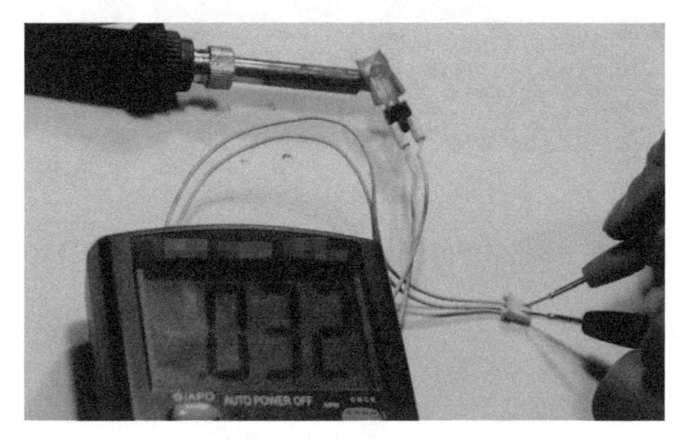

图 2-124 热敏电阻的测量（4）

2.7.4 压力胶辊及其常见故障处理

压力胶辊又称加压下辊、下辊，其作用是与加热辊共同完成对打印纸上碳粉的热压定影和传送。压力的大小由两端的支架弹簧控制，通过弹簧压力将纸张紧压在加热辊上，从而有效地将碳粉定影在纸张上。

压力胶辊一般由耐高温的硅胶或海绵制成，外表面是一层耐高温不粘粉的特殊膜，利于打印纸与压力胶辊分离，如图 2-125 所示。

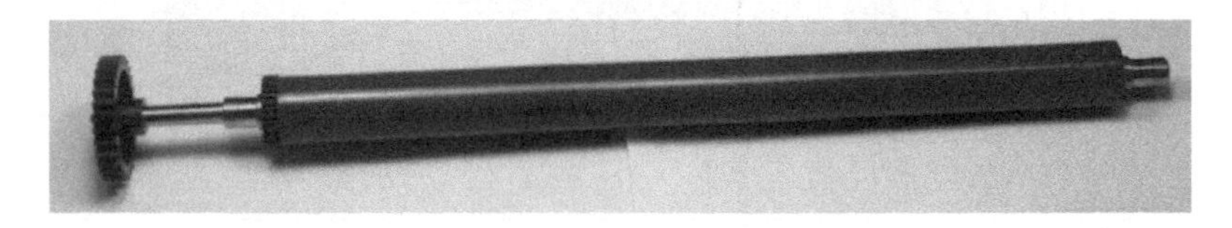

图 2-125 完好的压力胶辊

压力胶辊虽具有耐热性，但也会有一个耐热的极限值。当定影器发生故障时，温度超过压力胶辊的耐热值，压力胶辊会因高温而损坏，如图 2-126 与图 2-127 所示。

图 2-126 损坏的压力胶辊（1）

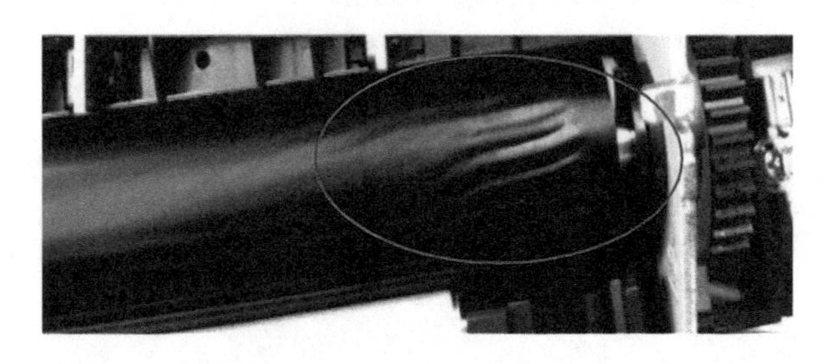

图 2-127 损坏的压力胶辊（2）

压力胶辊损坏导致的故障为纸张褶皱，严重情况下会导致卡纸，损坏后无法修复，只能更换才可排除故障。

2.7.5 分离爪及其常见故障处理

分离爪是用来分离附着在加热辊上的纸张，当纸张进入定影器受热的时候会软化并紧贴加热辊。为了防止纸张滞留造成卡纸，在加热辊后安装有几个分离爪。当纸头靠近加热辊时，强制将纸头分离出来，让纸头向前走出打印机。

分离爪磨损或者不归位时，与加热辊之间会产生缝隙，纸张在走出打印机的时候就会被卡在缝隙之间，造成卡纸现象。如果定影器出现卡纸现象，可拆开定影器，检查分离爪有无异常。如果分离爪不复位可能是因为其复位弹簧脱落，装上复位弹簧即可。分离爪磨损后只有更换才可排除故障。磨损后的分离爪如图 2-128 所示。

图 2-128 磨损后的分离爪

2.7.6 加热灯管及其好坏判断

加热灯管固定在加热辊的内部，给加热辊提供热源，不随加热辊旋转。

激光打印机用的加热灯管功率一般为 300～600W。当打印机通电后，加热灯管亮，对加热辊进行预加热，加热辊的温度达到 180℃左右，热敏电阻通知主板电路停止加热，打印机面板就绪灯亮，打印机可以开始打印。

当加热灯管损坏时，整机不工作，有的机型会错误指示灯亮或显示错误代码。

好坏判断方法：以三星品牌定影器内部的加热灯管为例，数字万用表打到“Ω”挡位，正常情况下测得其阻值在 10Ω 左右，如图 2-129 所示。

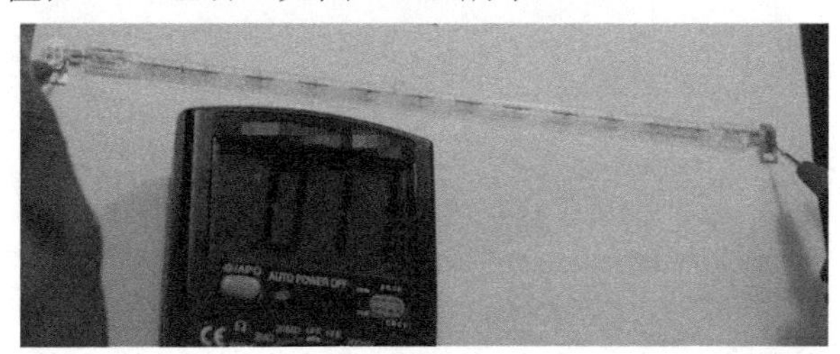

图 2-129 正常的加热灯管阻值

2.7.7 热保护开关及其好坏判断与故障处理

热保护开关如图 2-130 所示。

图 2-130　热保护开关

热保护开关常用在灯管式加热的定影器中，紧贴加热辊。为防止激光打印机定影温度异常升高，烧坏定影内部组件，所以在加热灯管电路中串联一个热保护开关。

热保护开关内部由记忆金属片来控制电路的开与关。

记忆金属材料在制造时记忆温度为 200℃左右。如果温控电路失控，定影温度超过 200℃，记忆金属受热变形，压迫开关控制杆断开电路起到保护作用，如图 2-131（a）所示。

当温度低于 180℃时，记忆金属恢复原状态，电路接通，定影部分开始加热，如图 2-131（b）所示。

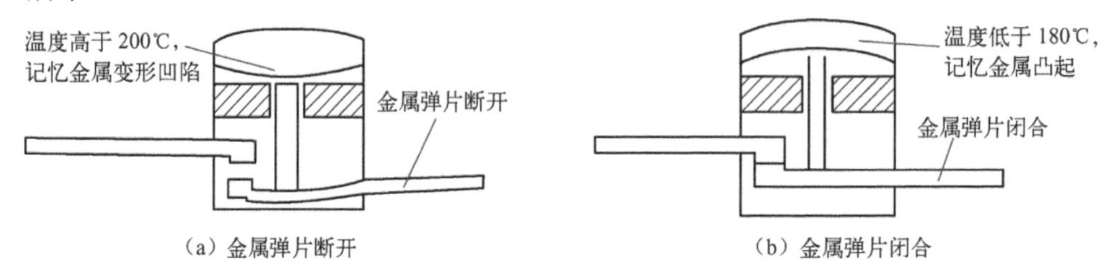

图 2-131　热保护开关工作原理图

好坏判断方法：万用表打到欧姆挡或者蜂鸣挡，测量热开关的两端，如果为导通状态就是好的，如图 2-132 所示。如果测量为断路状态，打印机就会提示错误代码。

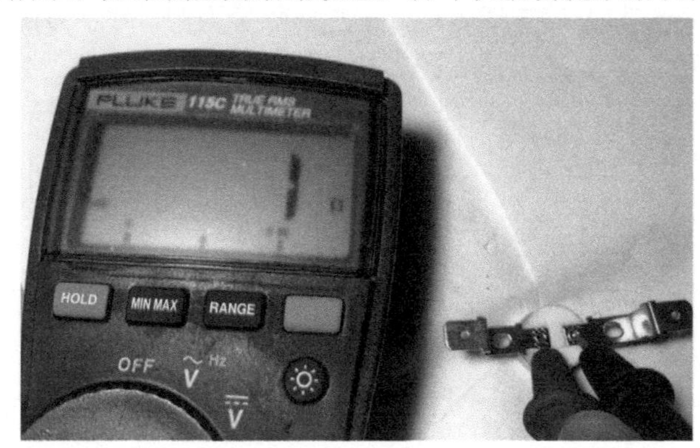

图 2-132　热开关的测量

当热开关为断路状态，只需要将其正面向下敲击几下，再次测量若为导通，即可正常使用，否则只能更换。

2.7.8 加热辊及其常见故障

加热辊由铝合金管制成。为防止定影时熔化的碳粉粘到加热辊上，其表面涂有一层防止粘粉的涂层。铝合金管通过吸收安装在加热辊内加热灯管产生的热量，从而对纸张进行加热。达到一定的温度时，加热辊上的热量会将墨粉熔化并固定在纸张上。

注意事项：当打印纸被卡在定影装置内时，不可用尖锐的硬物强行撬出，这样会损坏加热辊表面涂层，影响定影后墨粉图像的完整，也不可将手指伸入其中取纸张，防止烫伤。

加热辊常见故障为表面涂层磨损后会导致粘黏碳粉，从而导致出现卡纸、印品表面有重影等故障。磨损后的加热辊如图 2-133 所示。

图 2-133　磨损后的加热辊

2.7.9 出纸传感器及其常见故障处理

出纸传感器在定影器内部，其主要作用是用来检测纸张是否在指定的时间内通过压力胶辊和加热辊之间，如前面图 2-114 所示。

当纸张在指定时间内触碰传感器控制杆后，由于纸张的重量压迫传感器控制杆另一端抬高，传感器由此发送一个控制信号给主芯片，主芯片收到此信号后认为纸张已经走出打印机。

实际维修中，出纸传感器常见故障为控制杆复位弹簧移位，控制杆本身被折断。

当用户出现卡纸的情况后，第一反应就是用力拉出定影器中的纸张，拉出纸张的同时有可能就会导致出纸传感器控制杆折断，折断后常见的现象为纸张刚走出打印机出口处就停止工作。

如果激光打印机出现这种现象，可拆开定影器检查传感器控制杆复位弹簧有无松动或移位，再检查控制杆本身有无折断。控制杆折断可用 AB 胶水黏合，如无法黏合更换整条控制杆即可排除故障。

2.7.10 惠普、佳能激光打印机定影器的拆装图解

激光打印机在使用过程中，如使用带有订书钉的二次纸，或者异物进入定影器（见

图 2-134）后，都会造成定影膜破损。

图 2-134　定影器实物图

定影膜破损后必须更换才可正常使用。本节以惠普、佳能激光打印机为例，讲解如何拆装定影器。

第 1 步　拆下胶壳固定螺丝。此固定螺丝对称，两边都有，如图 2-135 所示。

图 2-135　定影器拆装——拆下胶壳固定螺丝

第 2 步　胶壳固定螺丝取下后，拿出塑胶罩，如图 2-136 所示。

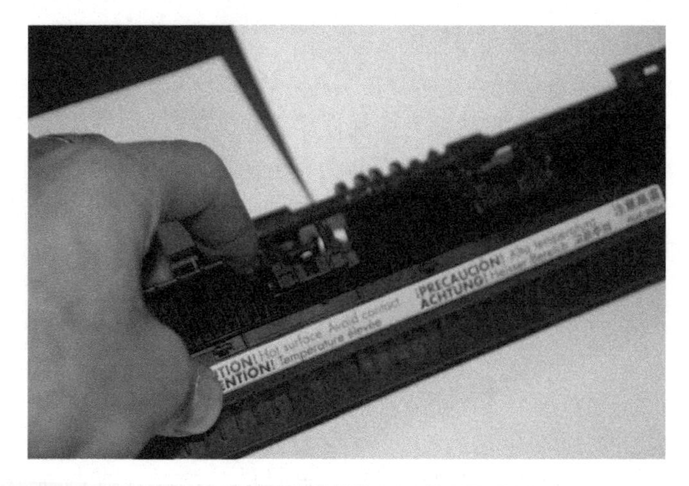

图 2-136　定影器拆装——拿出塑胶罩

第 3 步　胶壳取出后，需要拆除压板下方的压力弹簧。压板及弹簧的位置如图 2-137 所示。

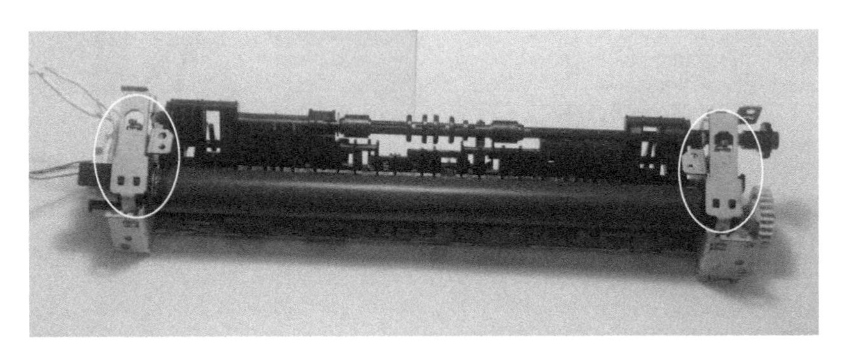

图 2-137　压板及弹簧的位置

取出两侧压力弹簧，如图 2-138 所示。

图 2-138　定影器拆装——取出两侧压力弹簧

第 4 步　弹簧取出后，摘去压板如图 2-139 所示。

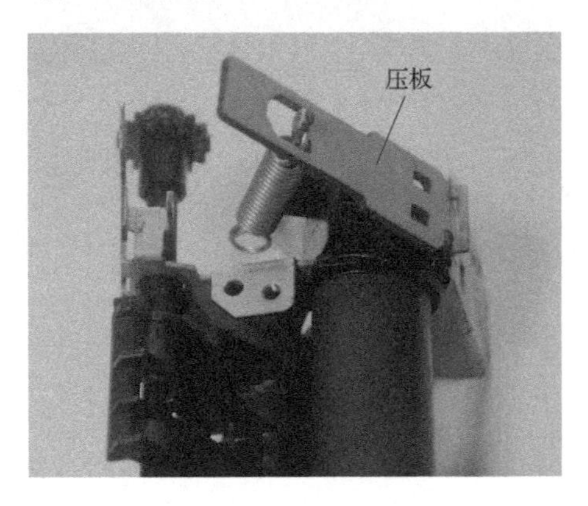

图 2-139　定影器拆装——摘去压板

同样方法拆掉另一边压板。

第5步　拔掉相关连接线，左右两边同时向上提起，取出加热辊，如图2-140所示。

图2-140　定影器拆装——取出加热辊

加热辊拆除后，将其平稳放置在干净的白纸上，如图2-141所示。

图2-141　定影器拆装——放好加热辊

第6步　左右同时提起压力胶辊，将压力胶辊取出，如图2-142所示。

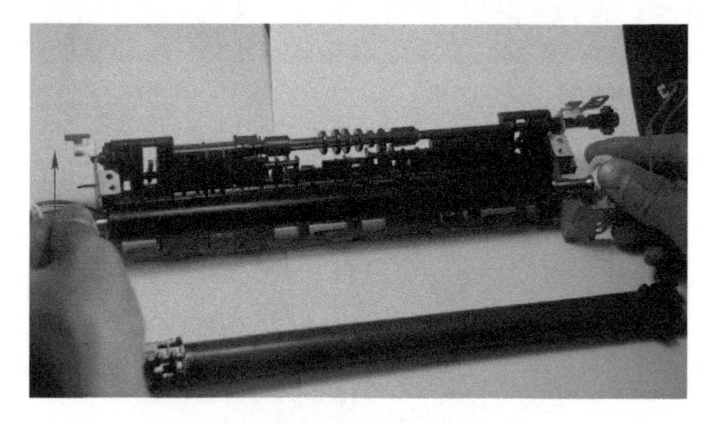

图2-142　定影器拆装——取出压力胶辊

第7步　摘除加热辊一端的塑胶固定套，如图2-143所示。

图 2-143 定影器拆装——摘除加热辊一端的塑胶固定套

第 8 步 取出另一端 220V 供电夹子，如图 2-144 所示。

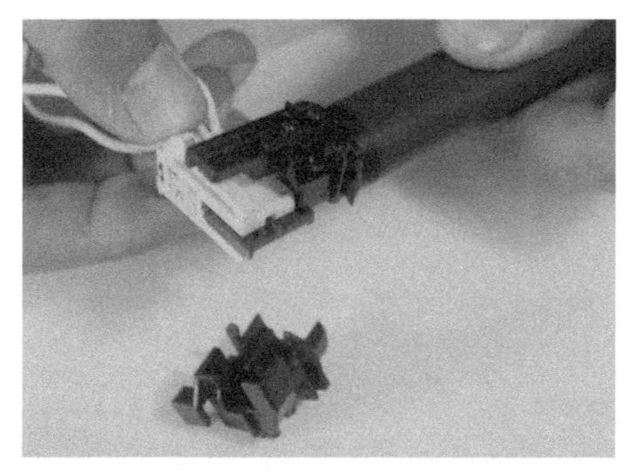

图 2-144 定影器拆装——取出另一端 220V 供电夹子

第 9 步 沿箭头方向取出定影膜组件，如图 2-145 所示。

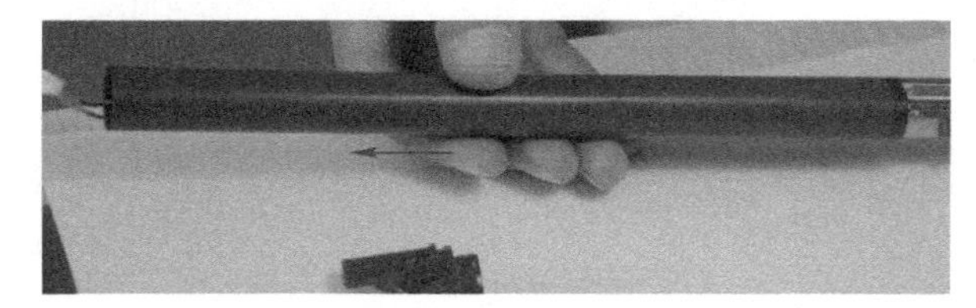

图 2-145 定影器拆装——取出定影膜组件

定影器全部组件如图 2-146 所示。

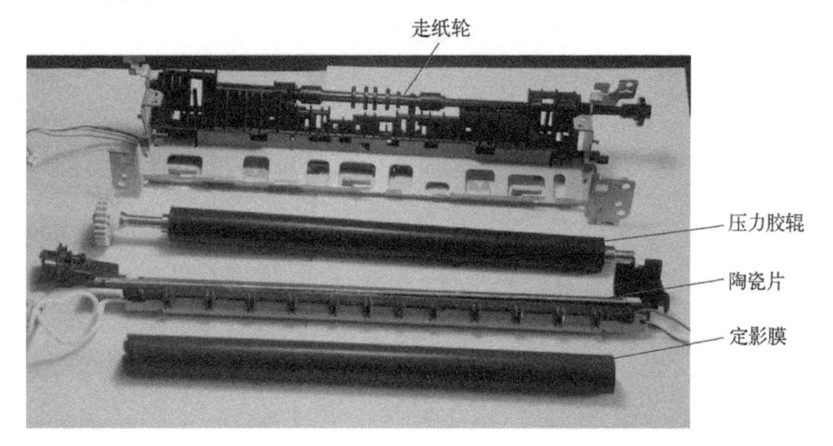

图 2-146 定影器全部组件

2.8 电路部分

激光打印机电路部分包含电源电路、高压电路、主控制电路。

2.8.1 电源电路的工作原理

供电电路为打印机各部分提供控制电压。供电电路由 220V 交流电经整流、滤波、变压，为激光打印机提供 24V、5V、3.3V 直流工作电压。

供电电路工作流程如图 2-147 所示。

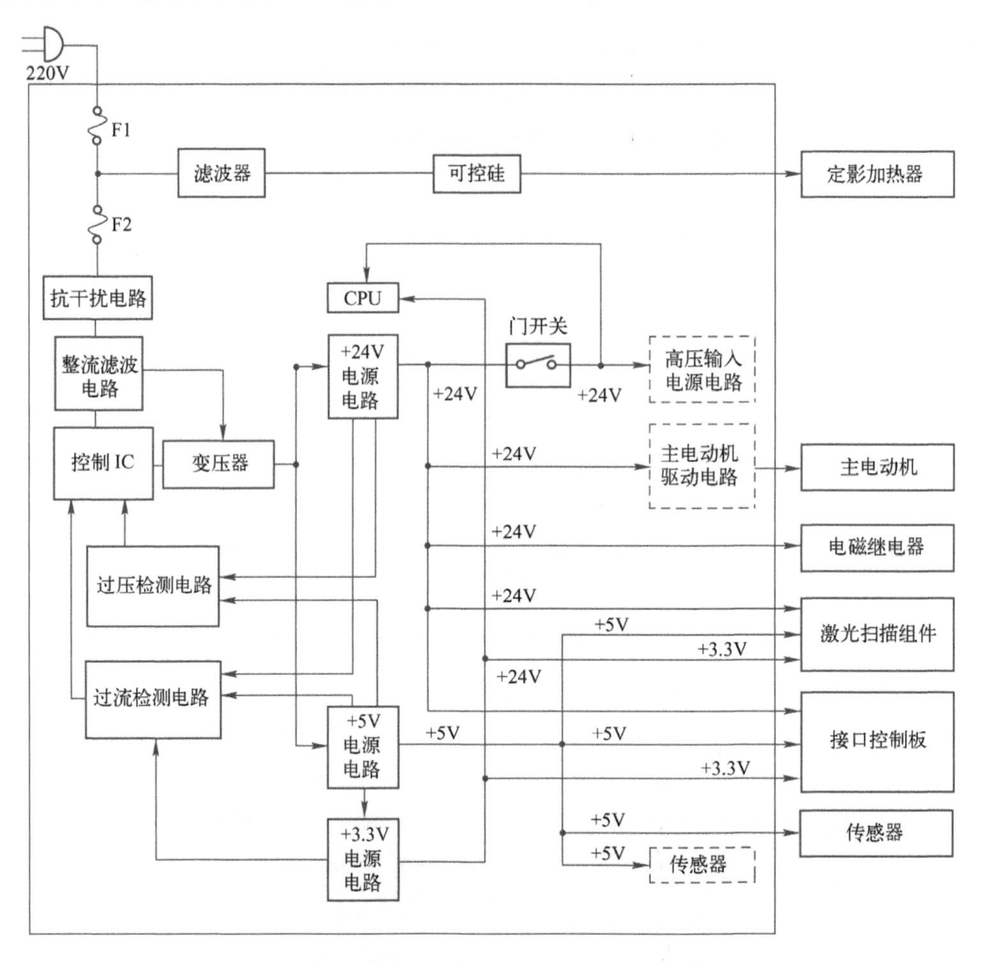

图 2-147 激光打印机供电电路工作流程图

① 输入 220V 电压经过防干扰及整流滤波电路，变为电源电路所需的直流电压。然后，直流电压被提供给该打印机，为+24V、+5V 和 3.3V。

② 当机盖打开，门开关被关闭，切断+24V 供给高电压电路。在同一时间，该反馈信号变为“低”，使 CPU 确定机盖被打开，打印机停止工作。

③ 交流电压通过熔断器 F1、滤波器以及可控硅提供给定影加热器。

④ +3.3V 提供给激光扫描组件的激光校验单元和接口控制板上的集成电路。

⑤ +5V 提供给激光扫描控制板、接口控制板和传感器上的集成电路。

⑥ +24V 提供给高压供电电路、主电动机、扫描器电动机和接口控制板。

⑦ +24V 和+5V 的电源电路包含过流和过压的保护功能。当发生过流或过压的故障时，例如在负载短路的情况下，保护功能被激活。为保护电路，这些保护功能会自动切断输出电压。

2.8.2　主控制电路的工作原理

主控制电路将接口电路接收的数据，按照命令方式控制打印机各个装置协同工作以完成打印过程。从图 2-148 中我们可以看到主控制板在激光打印机中的作用。

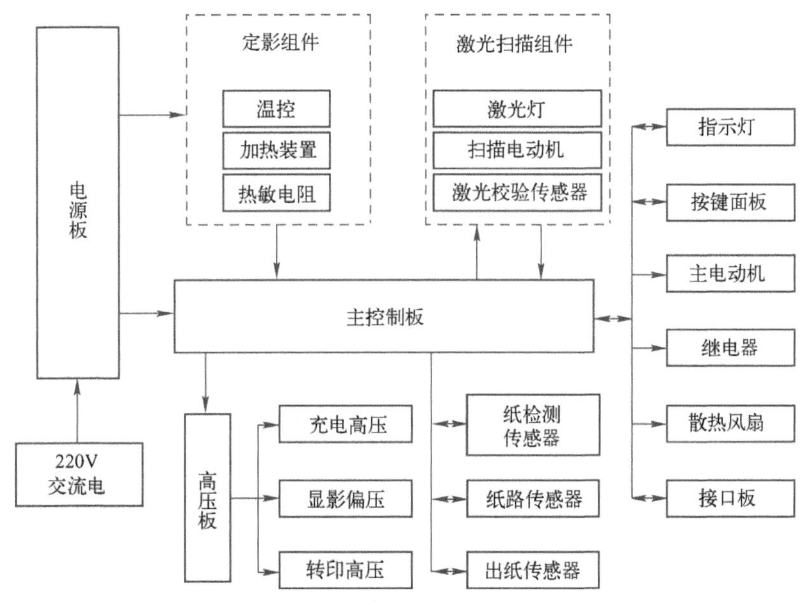

图 2-148　激光打印机整体架构图

① 电源板：提供 5V、24V 等直流电压给主控制板，提供 220V 交流电压给定影组件，定影组件加热至预设温度，热敏电阻反馈温度信息给主控制板。

② 高压板：主控制板提供电压给高压板，高压板产生充电、显影及转印高压。

③ 激光扫描组件：主控制板提供电压及信号控制激光扫描组件发射激光对感光鼓进行曝光，激光校验传感器反馈信息给主控制板。

④ 传感器电路：由主控制板提供电压，并反馈信息给主控制板。

⑤ 指示灯、按键面板、主电动机、继电器、散热风扇、接口板等组件：由主控制板提供电压及信号，根据主控制板接收的信号控制其工作在相应状态。

2.8.3　高压电路的工作原理

高压电路（见图 2-149）将供电电路提供的低压电，经变压器变成高电压提供给感光鼓充电和转印辊转印用。

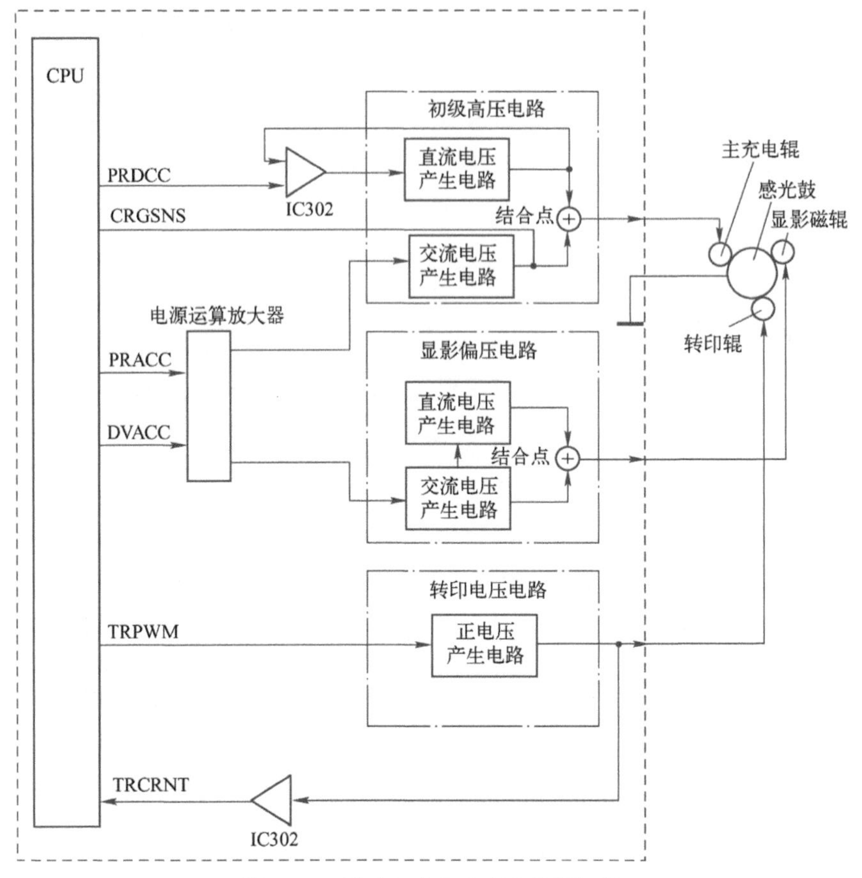

图 2-149　激光打印机高压电路框架图

（1）主充电辊的电压生成

当主控制板接收到从接口控制器发来的打印命令时，CPU 输出主高压驱动信号（PRACC 交流信号）通过电源运算放大器输入到初级高压电路。

同时，CPU 输出初级高压驱动信号（PRDCC 直流信号）到初级高压电路。

两路电压相结合，合并后产生的充电高压施加到主充电辊。

IC302 为比较器，其作用是将 CPU 输出的初级高压驱动信号（PRDCC）与输出高压进行比较，控制其输出均衡的电压。

（2）硒鼓的检测

CPU（CRGSNS）端检测主充电辊的电压，确定硒鼓是否存在。

（3）显影偏压的产生

显影偏压驱动信号（DVACC）经过电源运算放大器输入到显影偏压电路，产生交流偏压。直流偏压是由显影偏压产生的。交流偏压和直流偏压相结合，产生显影高压并施加至显影磁辊。

（4）转印辊的电压生成

CPU 输出正电压驱动信号（TRPWM）施加到转印辊，产生转印高压。目的是将感光鼓上的碳粉转印到纸张上。

2.9 激光打印机常见故障及其维修思路

2.9.1 打印内容空白

故障现象：打印机有正常打印动作，但打印页无图文全白，如图 2-150 所示。

图 2-150 打印空白页

故障原因：

① 激光器坏，无法发射激光，激光被异物遮挡，激光发生器内部组件移位，激光无法照射到感光鼓表面。

② 显影磁辊未充上电，无显影偏压碳粉无法转移到感光鼓。

③ 感光鼓铁销没有接地，无法对地释放电荷。

④ 高压板损坏无法提供高压。

打印空白内容的具体维修流程如图 2-151 所示。

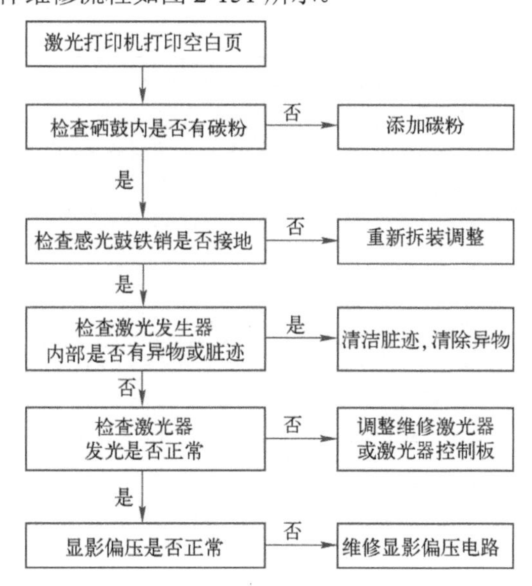

图 2-151 打印空白内容的维修流程

2.9.2 打印全黑页

故障现象：打印机有正常打印动作，但打印页全黑，如图 2-152 所示。

图 2-152 打印全黑页

故障原因：

① 激光控制板故障导致激光灯一直发光，整个感光鼓表面都被激光照射。

② 充电辊损坏，充电弹片接触不良，没有给感光鼓充上电，都会导致打印黑页。

③ 高压板损坏后不能给充电辊充上电。

打印内容全黑页的维修流程如图 2-153 所示。

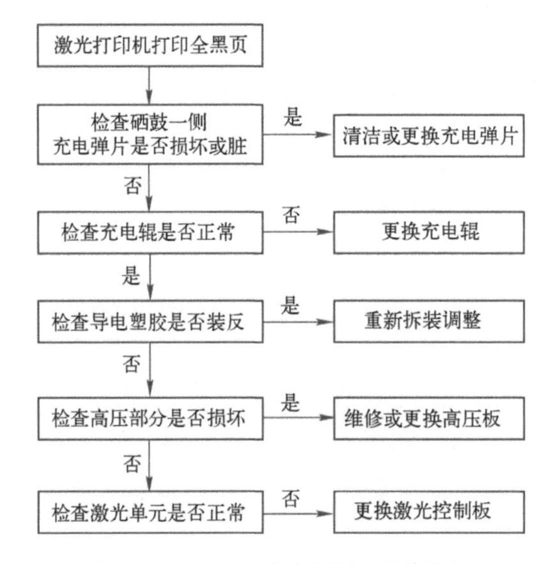

图 2-153 打印内容全黑页的维修流程

2.9.3　打印页有底灰

故障现象：打印机有正常打印动作，但打印内容有底灰，如图 2-154 所示。

图 2-154　打印内容有底灰

故障原因：

① 充电辊损坏，或者是弹片接触不良，充电不良等。
② 感光鼓老化，充放电不均匀。
③ 碳粉不良，碳粉质量问题。
④ 高压板故障。

打印内容有底灰的维修流程如图 2-155 所示。

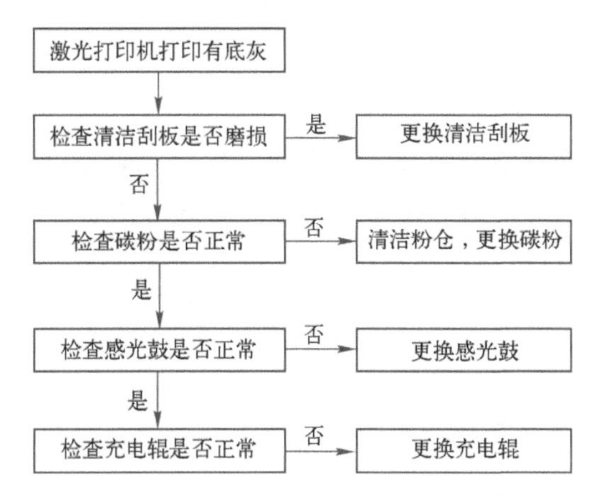

图 2-155　打印内容底灰的维修流程

2.9.4　打印字体淡

故障现象：打印机有正常打印动作，但打印图文字体淡，如图 2-156 所示。

www.chinafi
x.com.cn
迅维网
ABCDEFGH
IJKLMNOP
QRSTUVW
XYZ

图 2-156　打印字体淡

故障原因：

① 首先是检查硒鼓内的碳粉是否过少。拿出硒鼓左右摇晃几下，然后再放入打印机，试打印如果有所改善就证明是硒鼓内碳粉过少。

② 如果摇晃硒鼓后不能得到改善，检查一下机器内的充电弹片是否过脏。如果脏清洁后试试。

③ 更换感光鼓。感光鼓老化也会导致打印效果变淡。

④ 检查激光器。激光器镜面脏光线折射后变弱，导致打印淡。

⑤ 检查高压板。高压板故障导致显影偏压不正常会导致打印淡。

打印字体淡的维修流程如图 2-157 所示。

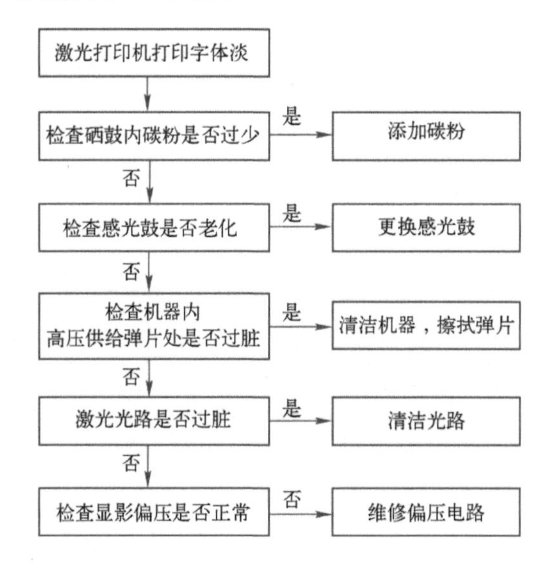

图 2-157　打印字体淡的维修流程

2.9.5　打印内容重影

故障现象：打印机有正常打印动作，但打印内容重影，如图 2-158 所示。

图 2-158　打印内容重影

故障原因：

① 感光鼓老化。更换感光鼓。

② 清洁刮板磨损，导致上一张打印的内容没有被清除，被转印到下一张。

③ 定影组件故障，导致碳粉移位，造成重影。

打印内容重影的维修流程如图 2-159 所示。

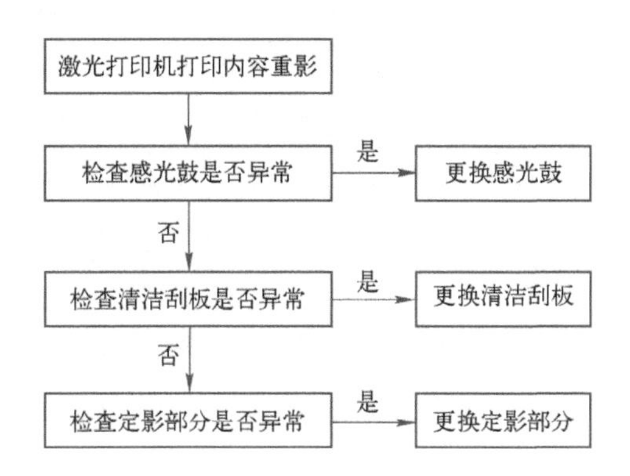

图 2-159　打印内容重影的维修流程

2.9.6 打印内容有竖向黑带

故障现象：打印机有正常打印动作，但打印内容有竖向黑带，如图 2-160 所示。

图 2-160 打印内容有竖向黑带

故障原因：

① 感光鼓一边磨损，整条边吸附碳粉。

② 清洁刮板部分磨损，被磨损的地方废粉无法清除，被转印到下一张。

③ 废粉满，溢出到纸张表面。

打印内容有竖向黑带的维修流程如图 2-161 所示。

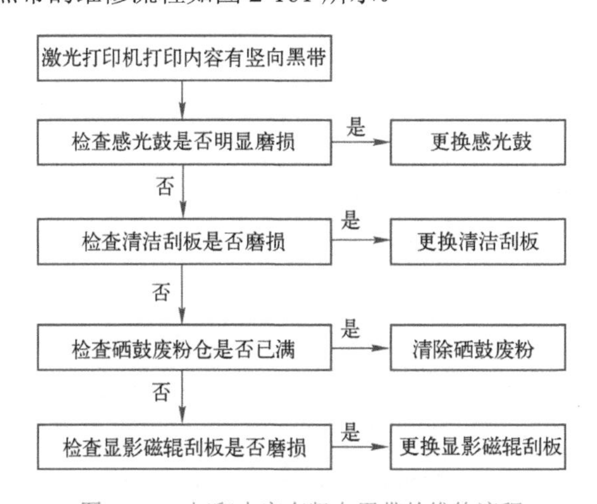

图 2-161 打印内容有竖向黑带的维修流程

2.9.7 打印内容有竖向白条

故障现象：打印机有正常打印动作，但打印内容有竖向白条，如图 2-162 所示。

图 2-162 打印内容有竖向白条

故障原因：

① 激光器或者反射镜面脏或一部分被异物遮挡，部分激光无法到达感光鼓表面。

② 转印辊脏无法吸附碳粉到纸张表面。

③ 显影磁辊磨损造成竖向白条。

打印内容有竖向白条的维修流程如图 2-163 所示。

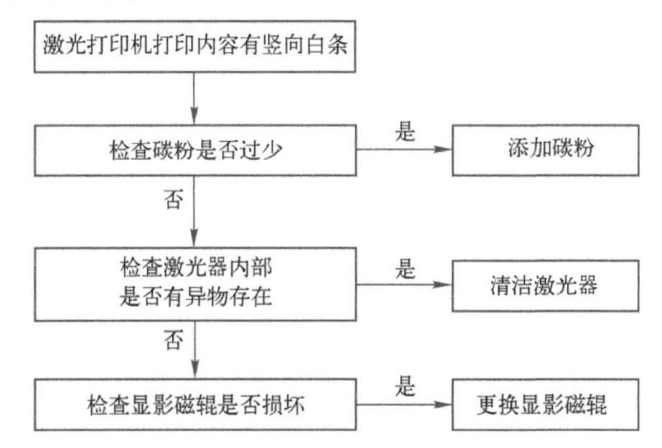

图 2-163 打印内容有竖向白条的维修流程

2.9.8 打印内容有规律的黑点或黑块

故障现象：打印机有正常打印动作，但打印页有规律的黑点或黑块，如图 2-164 所示。

图 2-164 有规律的黑点或黑块

故障原因：有规律的黑点或黑块，一般都是由圆柱形状的组件导致的，可以观察故障点之间的间距，来排除故障。

① 感光鼓磨损，造成的黑点间距刚好是感光鼓的周长。

② 显影磁辊损坏或有异物。

③ 定影膜、加热辊损坏或粘粉。

打印内容有规律的黑点或黑块的维修流程如图 2-165 所示。

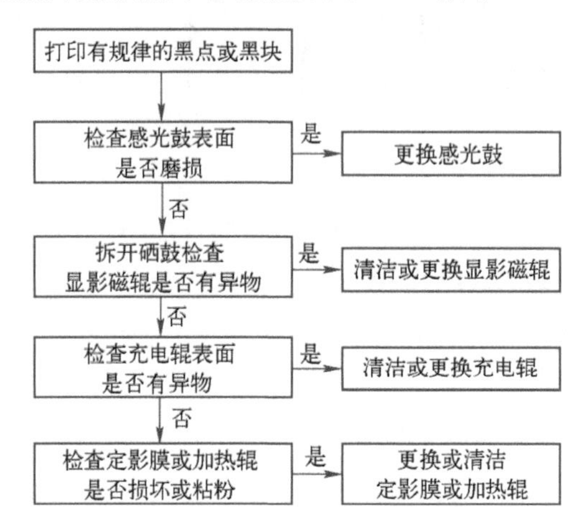

图 2-165　打印内容有规律的黑点或黑块的维修流程

2.9.9　打印机不通电

故障现象：插入电源开机后指示灯不亮，整机无反应。

打印机不通电的维修流程如图 2-166 所示。

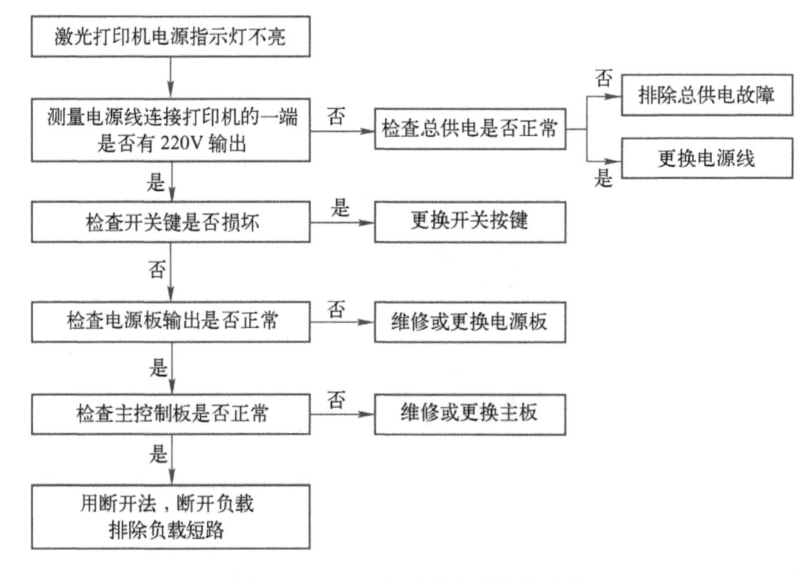

图 2-166　打印机不通电的维修流程

2.9.10 打印机卡纸

故障现象：卡纸，如图 2-167 所示。

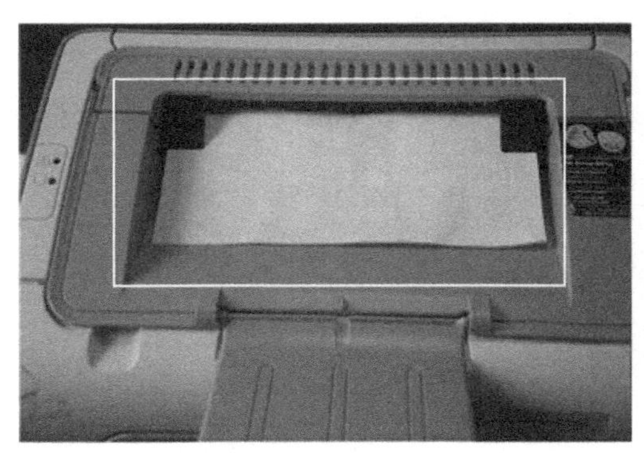
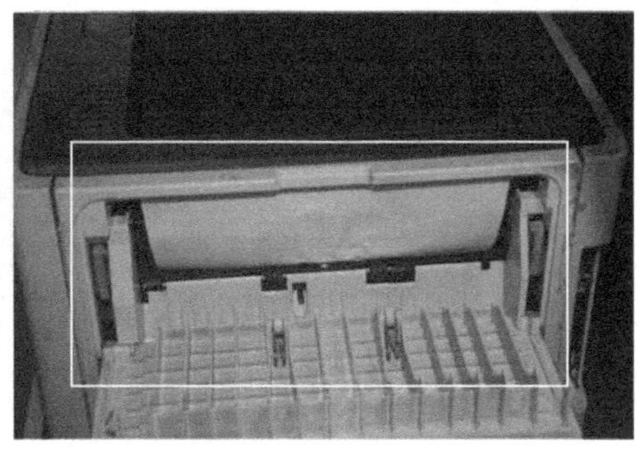

图 2-167 激光打印机卡纸

故障原因：因纸张卡在位置的不同，分以下几种原因。

① 卡纸在纸张入口处一般是因为搓纸轮磨损，失去摩擦力不能带动纸张在规定的时间内触碰到纸路检测传感器。

② 卡纸在纸路中，一般是因为硒鼓没有装好，或者是感光鼓不转动。

③ 卡纸在纸张出口处：如果是陶瓷加热的定影器，则可能是因为定影膜转动不顺畅、定影膜破损、出纸传感器不复位等；如果是灯管式加热的定影器，则最大的可能是因为分离爪不能复位、分离爪磨损、出纸传感器等。

激光打印机卡纸的维修流程如图 2-168 所示。

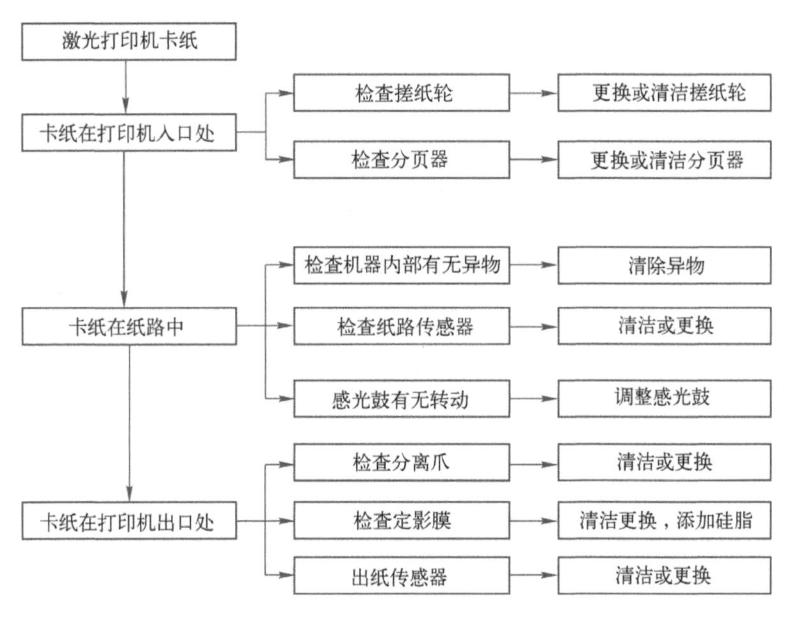

图 2-168 激光打印机卡纸的维修流程

2.9.11　打印内容变脏的维修流程

故障现象：打印内容变脏。

故障原因：

① 打印机内部存在散落的碳粉颗粒，清洁打印机内部。

② 加热辊、压力胶辊粘粉，纸张进入定影器的时候，粘上的碳粉被转移到纸张表面。

打印内容变脏的维修流程如图2-169所示。

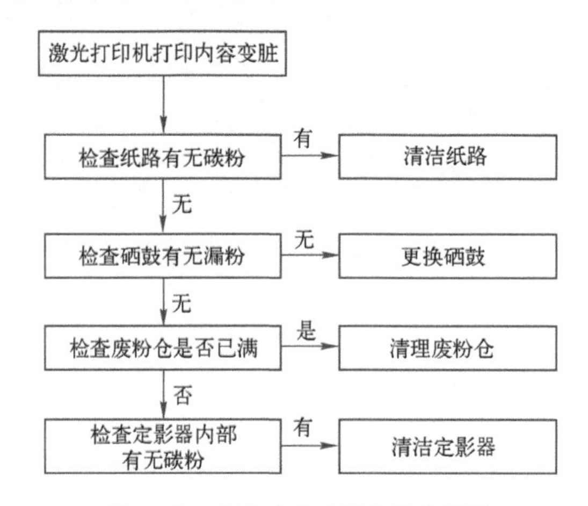

图2-169　打印内容变脏的维修流程

2.9.12　打印纸张褶皱的维修流程

故障现象：打印机有正常打印动作，但打印页褶皱，如图2-170所示。

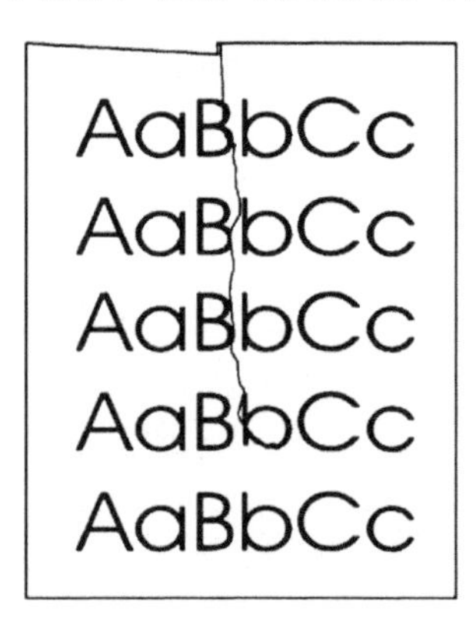

图2-170　褶皱后的打印纸

故障原因：

① 机器内部有异物阻碍纸路，导致纸张褶皱，所以走出机器后的打印页都是同一个地方褶皱。

② 压力胶辊本身褶皱，导致纸张进入定影器后，受到压力胶辊的影响，导致纸张褶皱。

打印纸张褶皱的维修流程如图 2-171 所示。

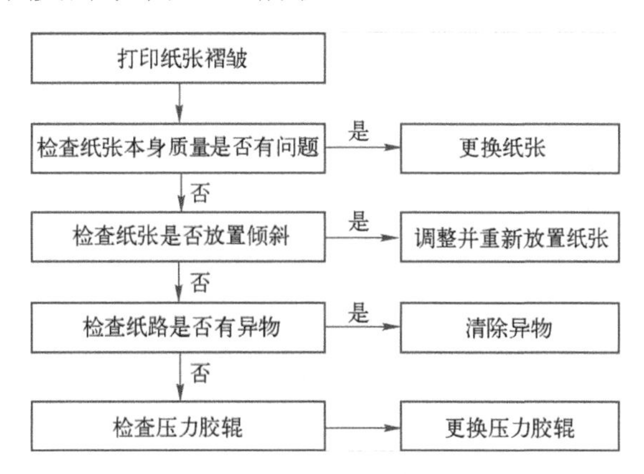

图 2-171　打印纸张褶皱的维修流程

第3章

针式打印机

3.1 针式打印机简介及其使用

针式打印机凭借可复写的特性被广泛应用在医院、银行、车站、餐饮、快递公司等行业。针式打印机是以上行业必不可少的设备之一，只有针式打印机才能快速地完成各项单据的复写，便于存底。

3.1.1 针式打印机简介

针式打印机只有单独的打印功能，没有复印、扫描、传真等功能，按进纸方式的不同，可分为两种类型。一种是卷筒式针式打印机，另一种是平推式针式打印机，其功能完全相同。

目前市面针式打印机多数为平推式针式打印机，常见品牌为爱普生、OKI、映美、联想、富士通、实达等。

爱普生的针式打印机市场保有量最多，早期常见型号为 LQ-1600K、LQ-300K、LQ-590K、LQ-610K、LQ-630K、LQ-730K 等。目前市面常见型号多数为早期经典型号的升级产品，如 LQ-610KII、LQ-630KII、LQ-730KII 等。

爱普生 LQ-615K 针式打印机如图 3-1 所示。

图 3-1 爱普生 LQ-615K 针式打印机

OKI 5200F+针式打印机如图 3-2 所示。

图 3-2　OKI 5200F+针式打印机

映美 FP630K+针式打印机如图 3-3 所示。

图 3-3　映美 FP630K+针式打印机

联想 DP610KII 针式打印机如图 3-4 所示。

图 3-4　联想 DP610KII 针式打印机

以爱普生 LQ-730KII 平推式针式打印机为例，其外观及组件功能概述如图 3-5 与图 3-6 所示。

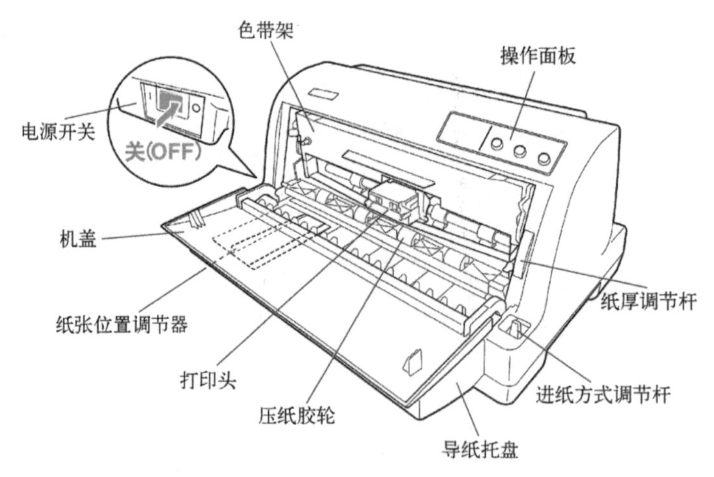

图 3-5　爱普生 LQ-730KII 针式打印机外观及组件功能（正面）

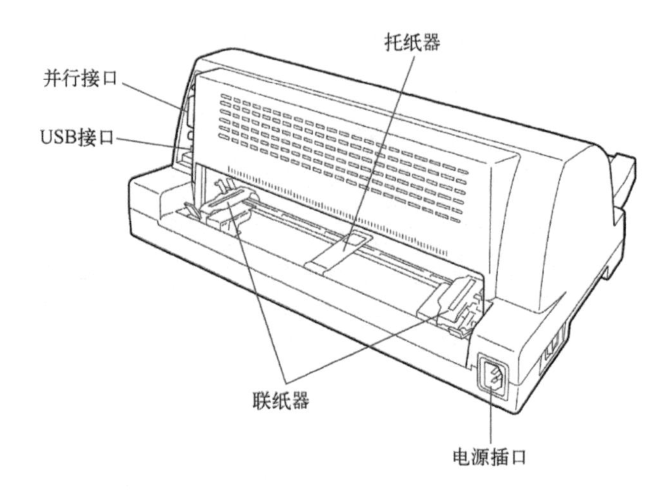

图 3-6　爱普生 LQ-730KII 针式打印机外观及组件功能（背面）

① 操作面板：控制打印的工作。

② 色带架：内部有一条浸有油墨的布带，通过针的击打为印品提供颜色。

③ 电源开关：负责打印机的开机与关机。

④ 机盖：隔音、防尘等作用。

⑤ 纸张位置调节器：调节纸张左右打印边距。

⑥ 打印头：内部包含 24 根打印针，由主控制板控制其出针击打色带，产生文字。

⑦ 压纸胶轮：控制纸张走动。

⑧ 导纸托盘：待打印纸张放置处。

⑨ 进纸方式调节杆：调节所进纸张的类型，联纸或单页纸。

⑩ 纸厚调节杆：调节打印头与打印胶辊之间的距离。

⑪ 托纸器：托住联纸。

⑫ 并行接口/USB 接口：传输数据。

⑬ 联纸器：输送联纸。

⑭ 电源插口：给打印机供电。

3.1.2　针式打印机操作方法

1．操作面板

使用针式打印机必须知道其操作面板的含义，以爱普生 LQ-730KII 为例，其操作面板如图 3-7 所示。

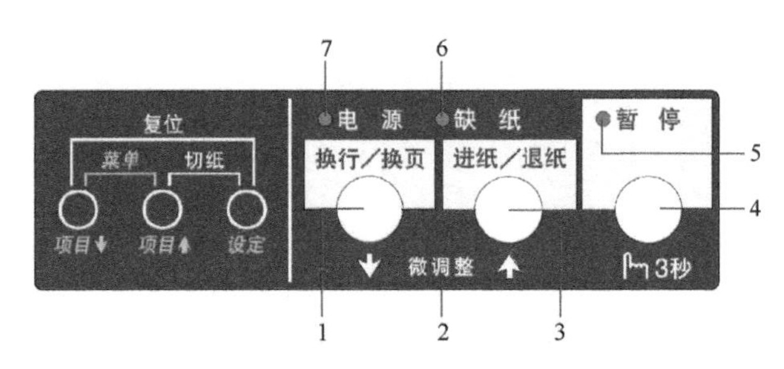

图 3-7　爱普生 LQ-730KII 操作面板

操作面板各部分功能介绍如下：

（1）换行/换页

短按此按钮时，逐行进纸。

按住此按钮几秒，退出单页纸或将连续纸前进到下一个页顶位置。

同时按下换行/换页和暂停按钮时，打印机将清除缓存并返回其默认设置。

（2）微调整：

按住暂停按钮 3s 后，打印机进入微调整模式。在这种模式中，可以通过按下换行/换页和进纸/退纸按钮以调整页顶和切纸位置。

（3）进纸/退纸

如果从正面已装入一页打印纸，按一下则退出此页打印纸。

如果从背面已装入一页连续纸，按一下则退出连续纸到备用位置，再按一下则将纸张送到起始打印位置。

（4）暂停按钮

按下此按钮暂时停止打印，再次按下此按钮时继续打印。

当按下此按钮 3s，打印机进入微调整模式。当再次按下时，退出微调整模式。

同时按下换行/换页和暂停按钮时，打印机将清除缓存并返回其默认设置。

（5）暂停指示灯

打印机暂停时，此指示灯亮。

打印机处于微调整模式时，此指示灯闪烁。

（6）缺纸指示灯

当选择的打印纸来源中没有打印纸或打印纸装入不正确时，指示灯亮。

当打印纸没有完成退出时，此指示灯闪烁。

（7）电源指示灯

打印机打开时，此指示灯亮。

当发生故障时，此指示灯闪烁。

2．纸张的放置

打印不同的纸张要将进纸方式调节杆（见图 3-8）调到不同的挡位，才能进行正常打印。

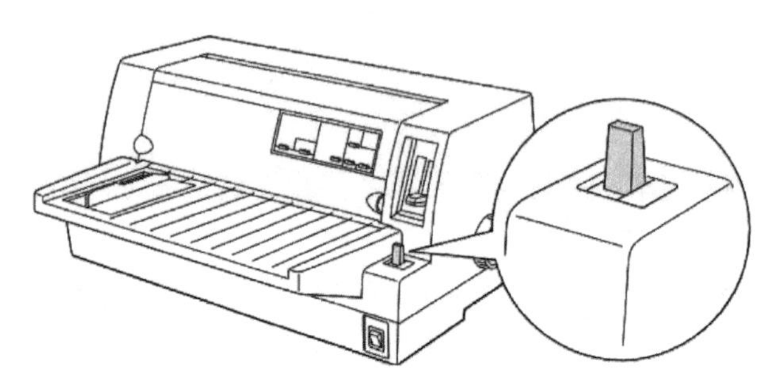

图 3-8　进纸方式调节杆

控制杆调到挡位表示从托纸盘进单页纸张。

控制杆调到挡位表示从联纸器进联纸。

不同厚度的纸张，需要把纸厚调节杆（见图 3-9）调节到相应的位置，才能得到好的打印效果。

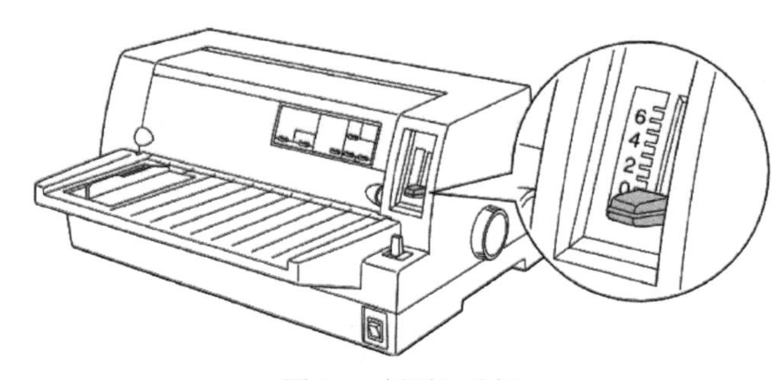

图 3-9　纸厚调节杆

不同纸张对应的纸厚调节杆的位置见表 3-1。

表 3-1　不同纸张对应的纸厚调节杆的调节位置

纸 张 类 型		纸厚调节杆位置
普通单层纸	单层单页纸	0
	单层联纸	
多层复写纸	两层	1
	三层	3
	四层	4
	五层	5
	六层	6
标签纸、信封等		2~6

3．装入单页纸

第1步　将纸张位置调节器移动到三角标志处，如图3-10所示。

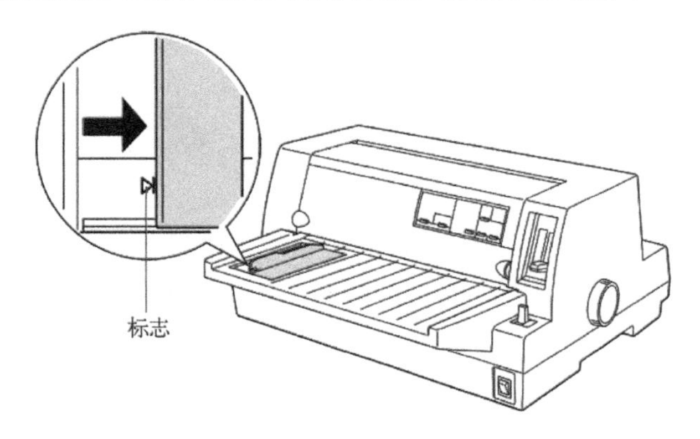

图3-10　针式打印机装入单页纸（1）

第2步　将一张单页纸沿纸张位置调节器的边缘放入打印机，等待打印，如图3-11所示。

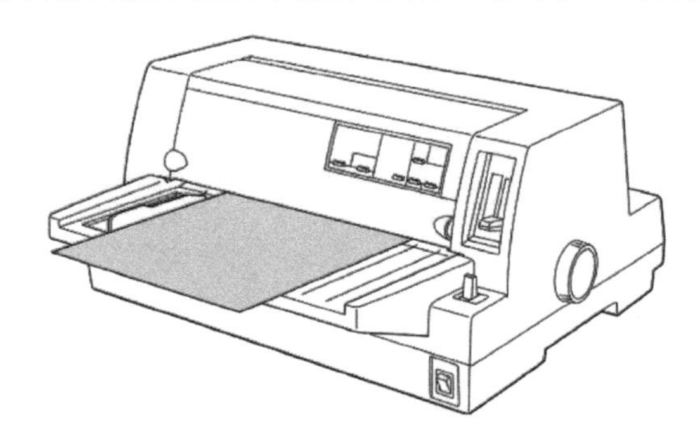

图3-11　针式打印机装入单页纸（2）

4．装入联纸

第1步　将联纸器、拖纸器移动到左侧尽头，压下固定卡扣使左边拖纸器固定，如图3-12所示。

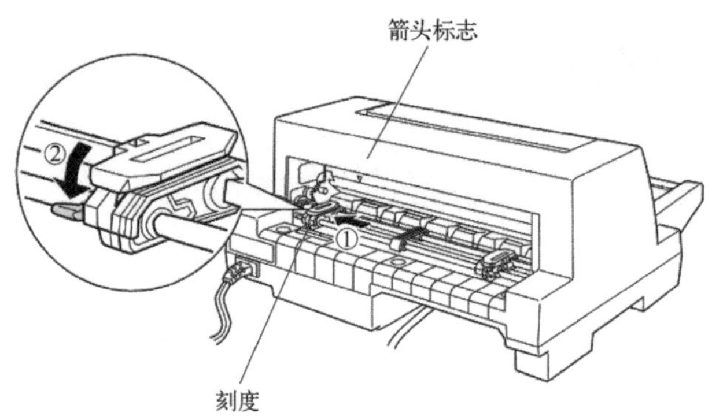

图3-12　针式打印机装入联纸（1）

第 2 步　抬起联纸器、拖纸器的压纸盖板，如图 3-13 所示。

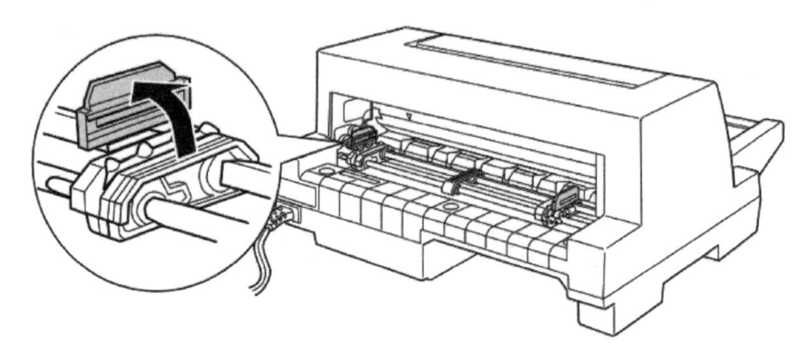

图 3-13　针式打印机装入联纸（2）

第 3 步　将联纸边缘的小孔对准拖纸器的凸点卡进去，另一边也同样如此，如图 3-14 所示。

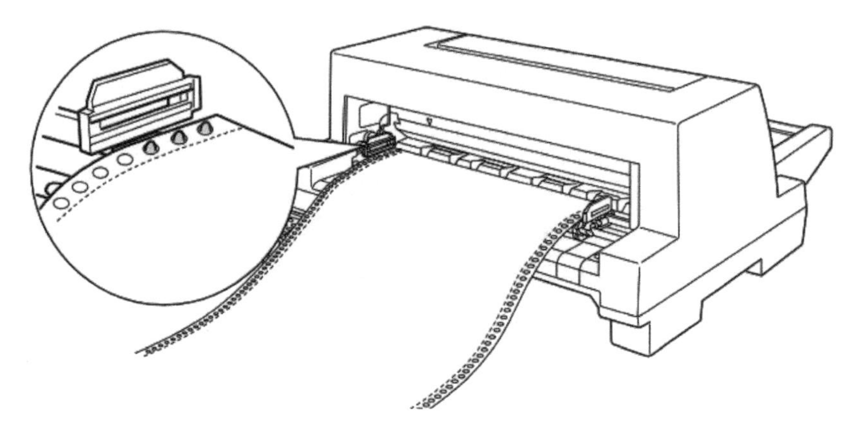

图 3-14　针式打印机装入联纸（3）

注意事项：要保证联纸的平行，不可错位，否则会导致不进纸或者卡纸。

第 4 步　压下两边拖纸器的纸张固定盖板，如图 3-15 所示。

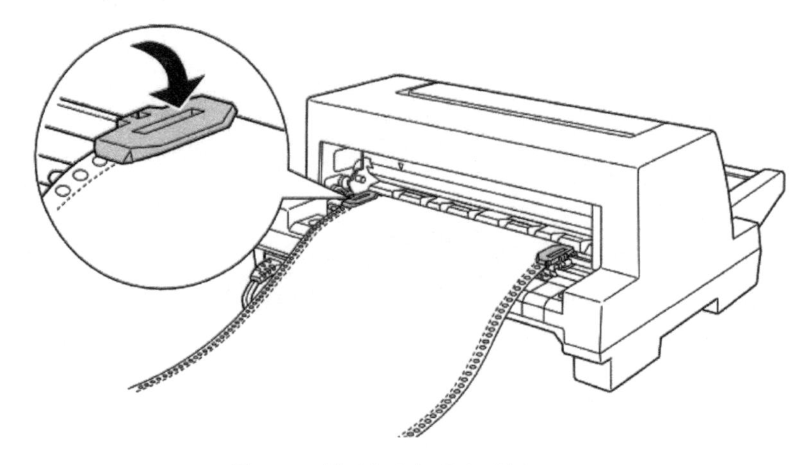

图 3-15　针式打印机装入联纸（4）

3.2 针式打印机的内部结构及其工作原理

3.2.1 针式打印机的内部结构

针式打印机的内部结构如图 3-16 所示。

① 字车组件：带动打印头左右移动。

② 色带驱动组件：驱动色带转动。

③ 输纸组件：控制纸张在适当的时候进入并走出打印机。

④ 打印头组件：利用电磁原理控制打印针出针击打色带，在纸张表面留下有规律的像素点形成文字。

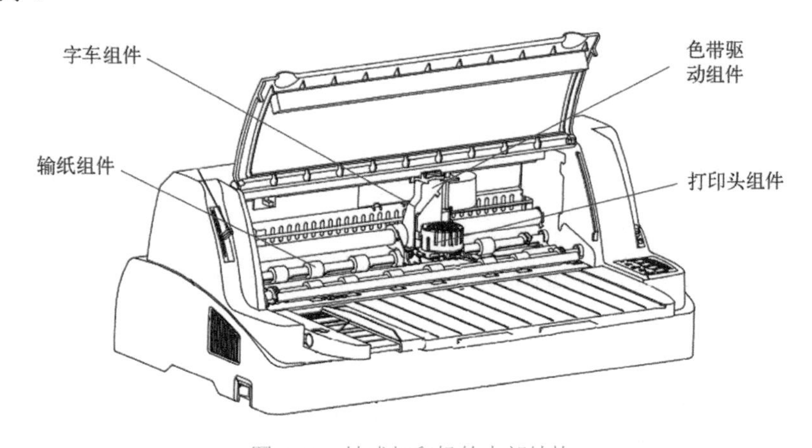

图 3-16 针式打印机的内部结构

3.2.2 针式打印机的工作原理

针式打印机的打印工作主要是由打印头来完成的。目前，主流的针式打印机都使用 24 针的打印头，其工作原理如下。

打印机驱动程序发来的二进制信息，被主控制板解释成驱动信号，此信号用来控制打印针出针。当有电流信号经过电磁线圈的时候，电磁线圈包裹的铁块产生磁场，带磁场的铁块迅速吸引打印针撞击色带，并将色带上的油墨转印到纸张表面形成一个像素点。当电磁线圈的电流截止时，铁块的磁场消失，打印针底部的复位弹簧将打印针复位。

主控制板控制打印针有规律地循环出针击打色带，就形成打印的图文信息，如图 3-17 所示。

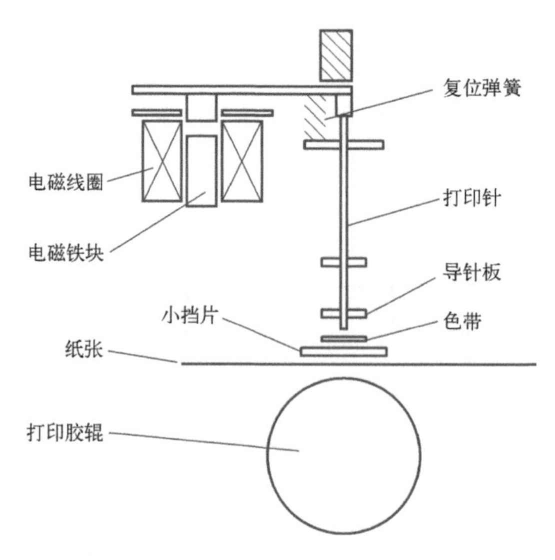

图 3-17　针式打印机工作原理图

3.3 字车组件

字车的作用是带动打印头左右移动。

字车组件包含齿形皮带、字车导轨、字车电动机、初始位置检测传感器、皮带滑轮等，如图 3-18 所示。

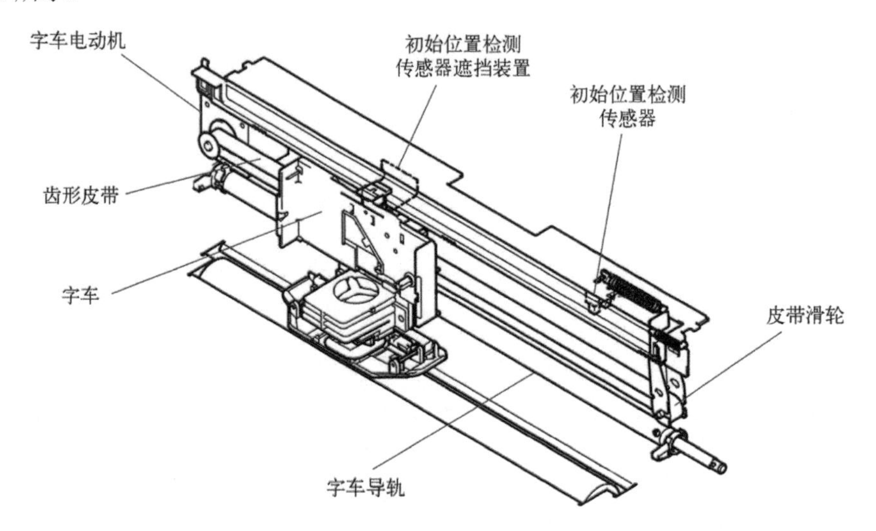

图 3-18　字车组件工作原理图

字车的皮带是齿形的，一边套在字车电动机齿轮上，另一边套在皮带滑轮上，皮带中间固定在字车架上，字车架则固定在导轨上。工作时电动机转动带动皮带左右来回移动，皮带移动带动字车来回移动。

3.3.1 字车皮带及其常见故障处理

字车皮带主要材质为橡胶，是用来传输动力的。

字车损坏有两种情况，失去弹性和断开。这两种情况都可以用肉眼去判断。当失去弹性的时候，皮带有明显的松垮现象。

出现以上两种情况，打印机的故障现象为字车无动作，或者是字车走动打滑。字车皮带断只有更换才可排除故障。

3.3.2 初始位置检测传感器及其常见故障处理

初始位置检测传感器是一个光电传感器。在字车没有回到初始位置的时候，光电传感器的光线为导通状态。当发送打印命令后，字车会先回到初始位置，字车回到初始位置后，光电传感器的光线被遮挡为截止状态（字车架设置了一个遮挡装置）。

开始打印时，字车离开初始位置检测传感器（见图 3-19）的一瞬间，初始位置检测传感器被导通，并开始计算脉冲信号。这个脉冲信号用来控制电动机的转动，也可用来计算字车从初始位置所走出的距离。当字车走到导轨一边终端的时候，电动机会向相反方向运行，而不会撞向打印机机架。

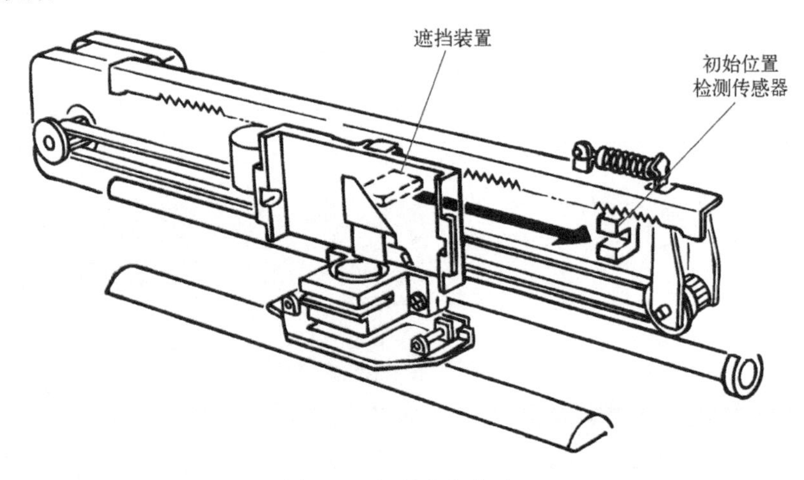

图 3-19 初始位置传感器

当初始位置检测传感器损坏时，打印机无法控制字车移动的距离，从而导致字车撞向打印机架。

当初始位置检测传感器过脏时，会导致无法正常检测字车的位置，可用棉签清洁传感器内两侧。

3.3.3 字车电动机及其好坏判断

字车电动机的移动距离受主板发出的脉冲信号控制。

字车电动机损坏后，打印机的故障现象为整机无动作或者报错误信息。

维修过程：直接更换。

4脚电动机的测量方法可参见2.6.5节。

3.3.4 字车导轨及其常见故障处理

字车导轨的作用：固定字车在同一水平面来回移动，调节打印头与打印胶辊之间的距离。

常见故障：缺少润滑油导致字车走动吃力，或者是字车卡死不走动。当走动吃力的时候，可能导致字车不能找到初始打印位置，进而发生字车撞墙的故障。卡死不动的时候则会导致打印机报错。

排除方法：注入润滑油，手动来回移动字车数次，直到字车移动顺畅。

3.4 打印头组件

3.4.1 怎样判断打印头有无断针

打印头内部的打印针是有使用寿命的，打印出来的印品内容有横向白线，或者字体缺少笔画，都可能是断针的表现方式。可以使用专门的测针工具来快速判断有无断针，还可以通过肉眼观察来判断。

测针盒的使用方法：在打印机关机状态下，将测针盒插入打印机的并口接口中（见图3-20），然后开机并放入纸张，打印机将自动打印针头测试页（见图3-21）。

若对应的数字后面没有横向线条，证明可能断针。

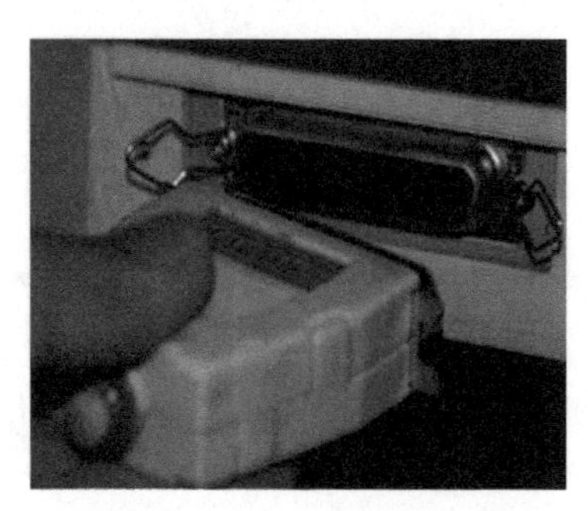

图3-20 测针盒的使用方法

图3-21 针头测试页

肉眼观察：好的打印头从底部可以看到针头的金属亮点。如果打印针断了，就看不到金属亮点了。当打印针断或者磨损后会出现一个无亮点的针孔，由此可以判断有无断针或者是打印针有没有磨损，如图3-22所示。图3-22中箭头指向处为断针或磨损的针。

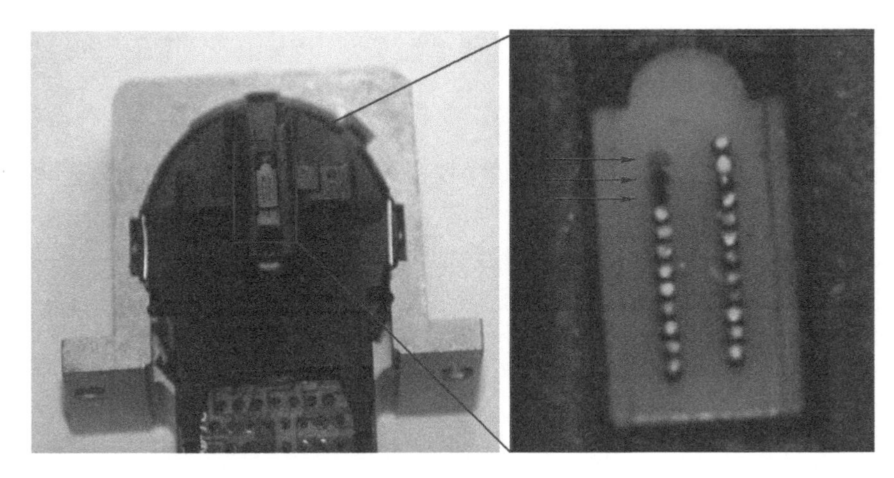

图 3-22 判断打印头有无断针

没有磨损、没有断针的打印头底部，能清楚地看见每一根打印针的底部是一个圆形的平面，如图 3-23 所示。

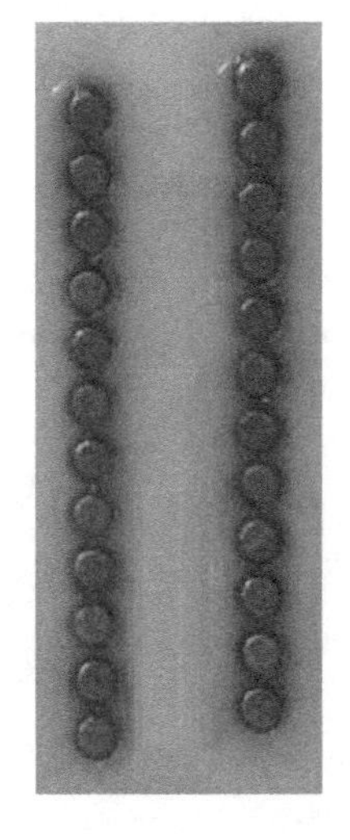

图 3-23 完好的打印头

3.4.2 造成打印头断针的原因

打印头断针的原因有如下几种。

① 打印头使用时间过长，复位弹簧老化或弹性减弱，打印针无法复位，导致断针。

② 导针板内部堆积过多的色带粉末，粉末固化后造成打印针阻力变大或卡住打印针，导致断针。

③ 色带质量差，起毛，绕住打印针，使打印针不能复位，导致断针。

3.4.3 打印针更换的注意事项

在实际维修中有些新手把打印针拆出来就装不回去，或是装回时打印针被折断。出现这些情况往往是因为忽略了一些细节问题。只要掌握方法，再加上一些耐性，切忌心浮气躁，更换打印针将会变得非常简单。

更换打印针注意事项如下。

① 拆打印头的时候，每个组件要按顺序摆开，不得错乱顺序放置，否则等装回去的时候就很困难。

② 在拆装过程中，不要用手指直接接触打印针针身，因汗水会腐蚀针身导致其生锈而变得容易折断。尽量使用镊子或手指套等工具来装针。

③ 打印头分解后，复位弹簧很容易掉落或变形。复位弹簧缺一不可，也不可变形，否则会使打印针无法复位导致断针的现象。

④ 当断了多根打印针的时候，尽量取出一根断掉的打印针，就对应放入一根完好的打印针。不要一次性把所有的断针都取出来，再去装入好的打印针。因为当打印头只有一个针孔空出来的时候，打印针装错位的可能性等于零。当有很多针孔空出来的时候，就很容易把打印针装错位。

⑤ 换好打印针以后先不要上色带打印，让其空打一段时间，再上色带正常打印。因为新的打印针不够圆滑会存在毛边，如果挂住色带就会导致打印针无法复位被折断。

3.4.4 打印针更换方法

本节以爱普生双层打印头为例，讲解更换打印针的方法。

第1步 准备工具：拆头工具、螺丝刀，如图3-24所示。

图3-24 拆头工具和螺丝刀

第2步 拆除打印头底部的固定螺丝，如图3-25所示。

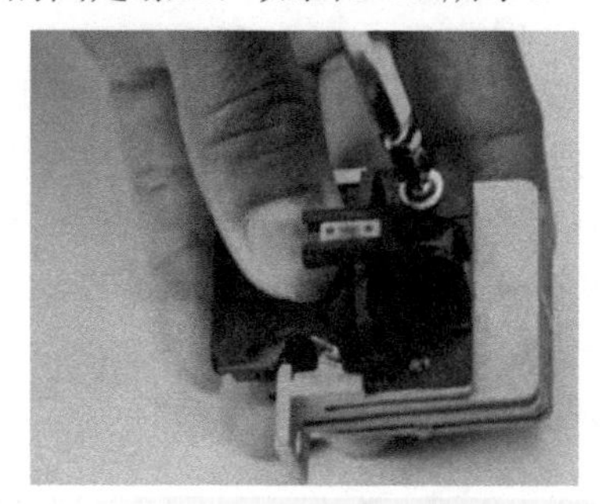

图3-25 拆卸打印头——拆除打印头底部的固定螺丝

第 3 步　用打印头拆卸工具的固定爪，卡住打印头的外壳凹槽，如图 3-26 所示。

图 3-26　拆卸打印头——用拆卸工具卡住打印头的外壳凹槽

第 4 步　用手压住拆装工具的固定爪，顺时针拧动螺杆，如图 3-27 所示。

图 3-27　拆卸打印头——顺时针拧动螺杆

第 5 步　拧动螺杆直到将打印头内部与外壳分离为止，如图 3-28 所示。

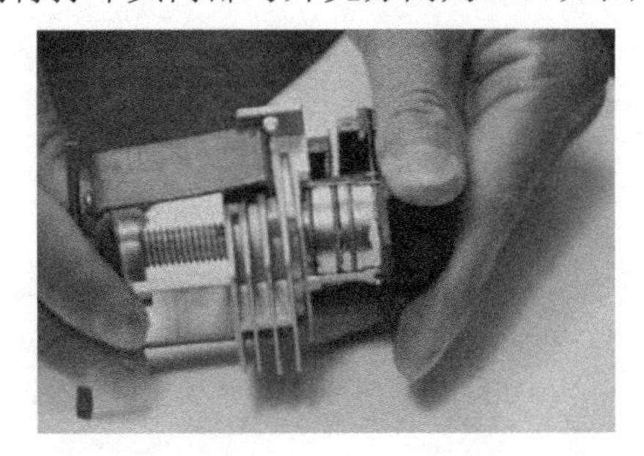

图 3-28　拆卸打印头——打印头内部与外壳分离

第 6 步　打印头与外壳分开后，即可开始分解主要部分，如图 3-29 所示。

图 3-29　拆卸打印头——分解主要部分

第 7 步　拆掉外壳、去掉卡簧，其整体结构如图 3-30 所示。

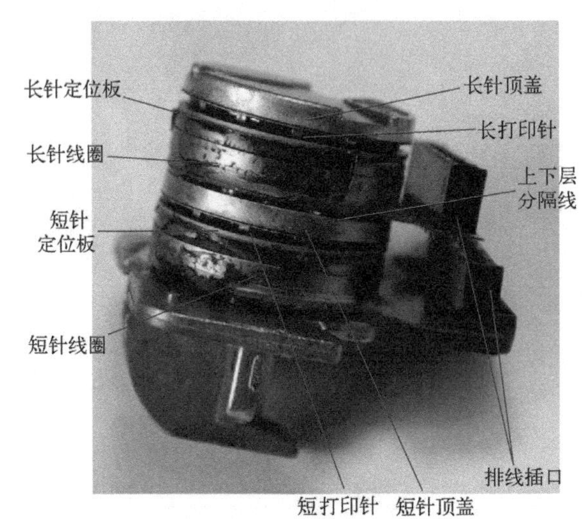

图 3-30　双层打印头整体结构

双层打印头内部的打印针包含长针与短针各 12 根，共计 24 根。12 根长针位于打印头的顶层线圈，12 根短针位于打印头的底层线圈，更换时要对应位置装入打印针。从打印头正面查看双层打印头长针与短针的排列顺序，如图 3-31 所示。

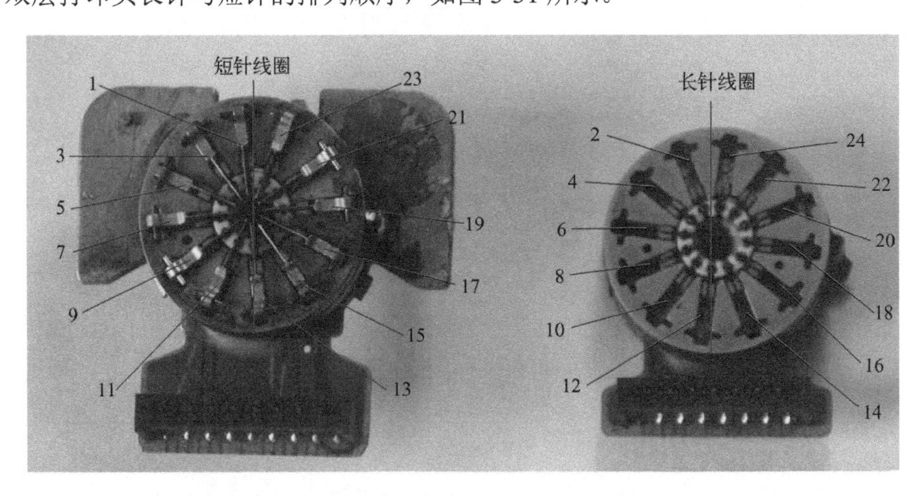

图 3-31　双层打印头长针与短针的排列顺序（正面）

1、3、5、7、9、11、13、15、17、19、21、23 为短针。

2、4、6、8、10、12、14、16、18、20、22、24 为长针。

更换打印针时，要对应打印头底部的针孔来校验打印针装入的位置是否正确。

从打印头的正面 1 号针位置装入打印针（见图 3-31），要从反面对应的 1 号针位置出来，（见图 3-32）。

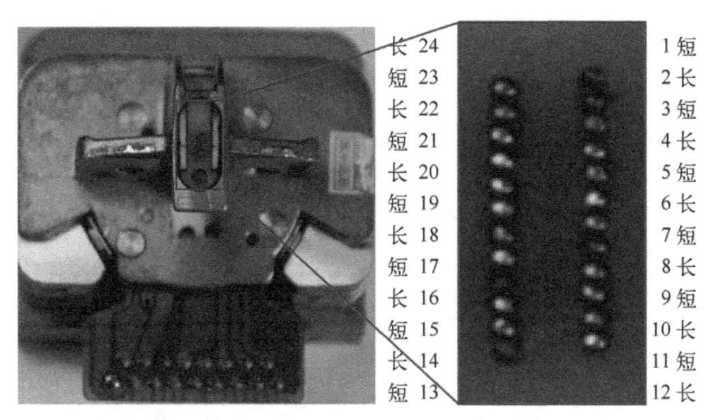

图 3-32 双层打印头长针与短针排列顺序（反面）

3.5 输纸组件

输纸组件控制打印纸的纵向移动，在打印时也负责纸张的换行。走纸方式一般有摩擦走纸、齿轮输送走纸和压纸辊输送走纸等。纸张纵向移动的距离由步进电动机来控制。

3.5.1 纸尽传感器及其常见故障处理

纸尽传感器用来检测所装的打印纸是否用完，用完则报警。

本节以爱普生 LQ-680K 打印机为例，其使用的纸尽传感器为反射型光电传感器。

反射型光电传感器的工作原理如图 3-33 所示。把发光二极管和光敏三极管装入同一个装置内，在它的上方装一块反光镜面，利用反射原理来完成光电的控制。正常情况下，发光二极管发出的光通过反光镜面反射回来被光敏三极管收到。如果光路被纸张挡住，光敏三极管收不到光时，光电传感器就会输出一个开关控制信号给控制板，控制板认为有纸张进入纸路中，随即控制打印机下一步的工作。

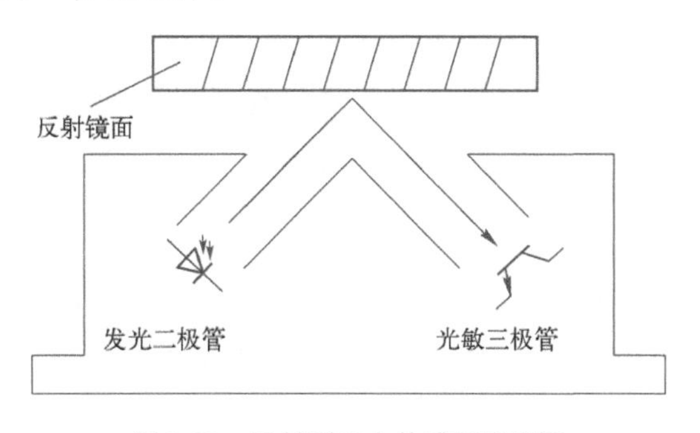

图 3-33 反射型光电传感器原理图

3.5.2 联纸器及其常见故障处理

联纸器负责输送联纸。联纸器使用时间长，齿轮容易磨损，磨损后导致进联纸时卡纸，或者是不进纸。

走纸皮带凸点要保持在同一水平线上，工作时皮带要同步转动，如图 3-34 所示。

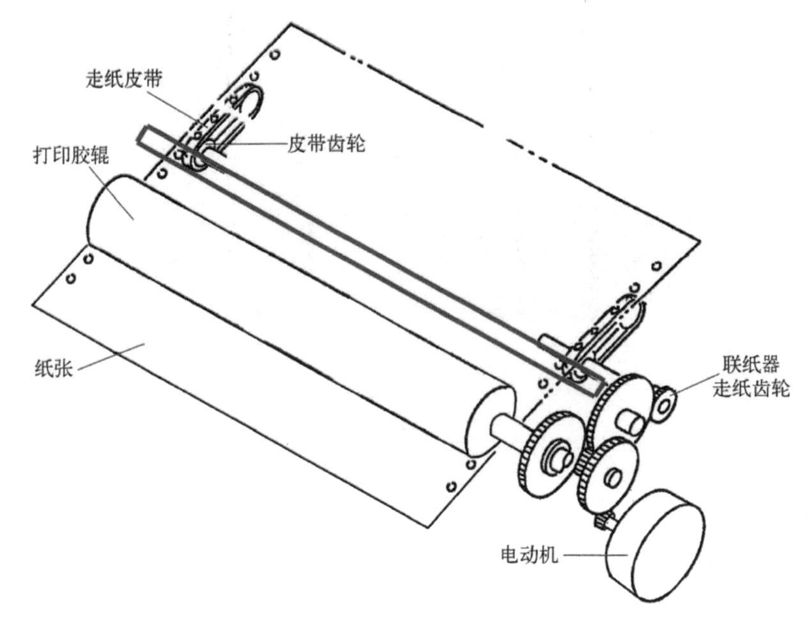

图 3-34　针式打印机联纸器

联纸器的常见故障是皮带凸点错位，或者是皮带不转动。出现这些情况的原因是控制皮带转动的齿轮磨损。解决方法是更换皮带齿轮。

3.6 色带驱动组件

3.6.1 色带驱动组件的工作原理

在打印过程中，打印头左右移动时，色带驱动部分驱动色带也同时循环转动。其目的是不断改变色带被打印针撞击的部位，保证色带均匀磨损，既延长色带的使用寿命，又能保证打印出的字符或图形颜色均匀。

色带驱动部分利用字车电动机带动齿形带驱动色带轴转动，始终带动色带逆时针转动。

各齿轮的状态说明，如图 3-35 所示。

① 当字车左移时，“齿轮一”顺时针转动，当字车右移时，“齿轮一”逆时针转动。

②“齿轮一”咬合“齿轮二”，“齿轮二”咬合“齿轮三”。

③“齿轮三”工作在左右离合的状态，当“齿轮二”顺时针转动时，“齿轮三”因作用力咬合“齿轮四”，不接触“齿轮五”。

④ 当“齿轮二”逆时针转动时，“齿轮三”因反作用力咬合“齿轮五”，不接触“齿轮四”。

⑤“齿轮四”咬合“齿轮五”，“齿轮五”带动色带转动。

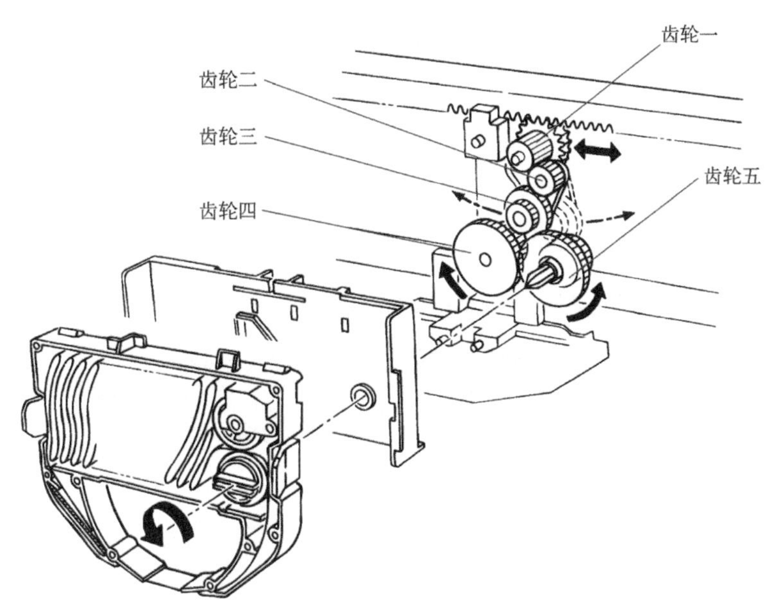

图 3-35 色带驱动原理图

色带驱动部分工作原理，如图 3-35 所示。

① 当“齿轮一”顺时针转动时，“齿轮二”为逆时针，“齿轮三”为顺时针。因作用力的原因“齿轮三”摆动到右边咬合“齿轮五”，“齿轮五”带动色带工作在逆时针转动状态。

② 当“齿轮一”逆时针转动时，“齿轮二”为顺时针，“齿轮三”为逆时针，因作用力的原因“齿轮三”摆动到左边咬合“齿轮四”，“齿轮四”顺时针转动，带动“齿轮五”依然工作在逆时针转动状态。

3.6.2 色带常见故障及维修方法

在使用针式打印机时，色带故障是比较常见的。下面介绍几种常见色带故障的排除方法。

1. 色带断裂

① 色带相接处有一处缝合线，当色带的拉力过大，会拉断缝合线。这种情况可将断裂部分剪整齐，再次缝合使用。

② 使用时间过长，打印针打烂色带导致色带断裂。这种情况只能更换色带芯或整个色带架。

2. 卡色带

色带起毛后容易缠住内部齿轮或外部挡片导致被卡，色带不能收回色带盒内。

排除方法：更换色带芯，也可手动逆时针转回色带。

3. 色带不转

色带驱动齿轮磨损或断裂，这种故障是由于使用时间过长磨损引起的。

排除方法：更换局部齿轮，或更换色带架。

3.6.3 色带更换方法

色带属于针式打印机的使用耗材，在维修中，更换色带也是维修人员必须掌握的基本技能。色带更换方法如图3-36～图3-48所示。

第1步 从打印机上取出色带架。取下的色带架如图3-36所示。

图3-36 取下的色带架

第2步 拆装色带时，色带内部齿轮容易散落，在拆装时需要用手压住色带传动柱，如图3-37所示。

图3-37 色带芯更换——压住色带传动柱

第3步 注意色带盒一般都是由塑胶卡扣固定在一起的。

更换色带芯，需要拆开卡扣位置，使其分离，如图3-38所示。

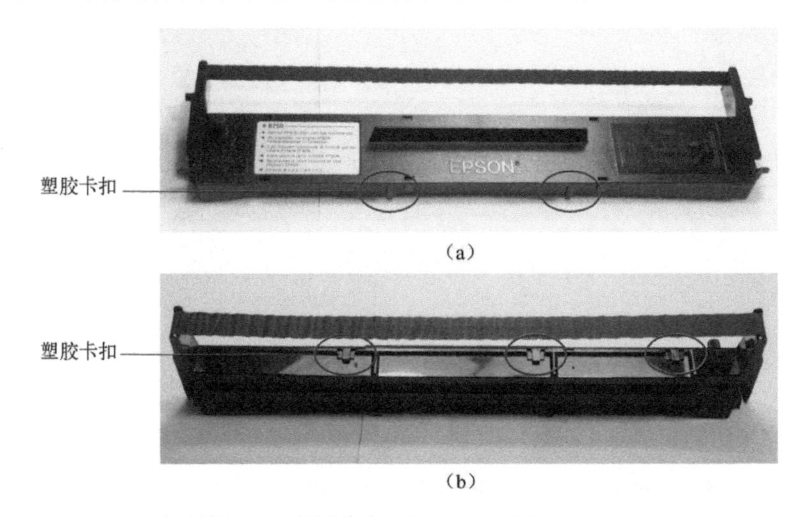

图3-38 从两个角度显示塑胶卡扣的位置

手按住色带传动柱，撬开塑胶卡扣，卡扣旁边有塑料固定胶柱，防止撬断，如图 3-39 所示。

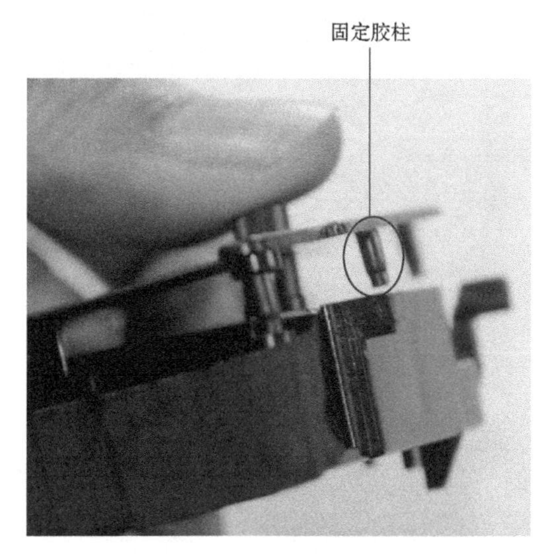

图 3-39　固定胶柱的位置

第 4 步　色带盒被分解，可以看到卷在一团的色带芯，如图 3-40 所示。

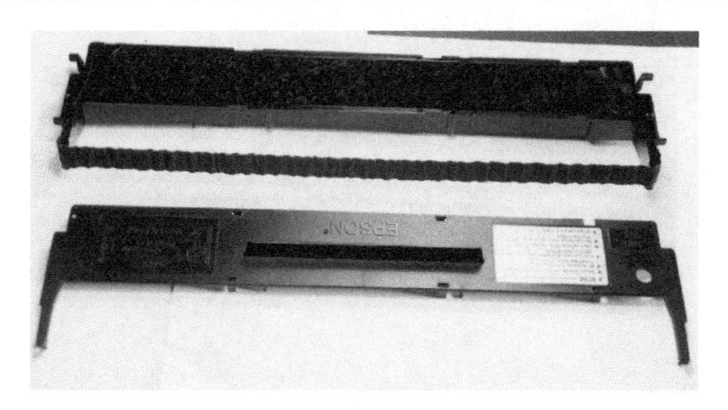

图 3-40　被分解的色带盒

第 5 步　取出用尽的色带芯，如图 3-41 所示。

图 3-41　取出色带芯后的色带盒

第 6 步 装入全新色带芯后，传动柱由两个传动轮压合在一起，如图 3-42 所示。

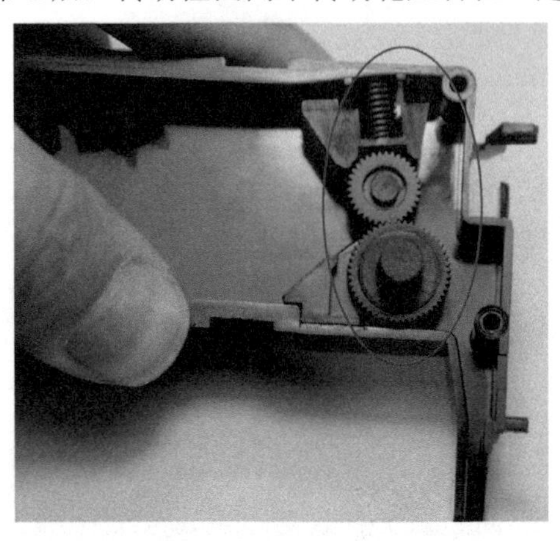

图 3-42 传动柱由两个传动轮压合在一起

用手向后压住有弹簧的一个塑胶齿轮，使其分开，然后转入色带，如图 3-43 所示。

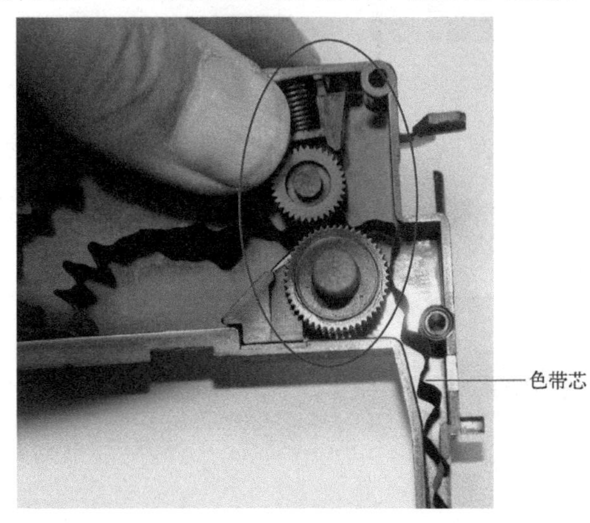

图 3-43 装入色带

在色带盒的另外一端，安装了一个色带压紧弹片，其作用是压紧色带，防止松动，如图 3-44 所示。

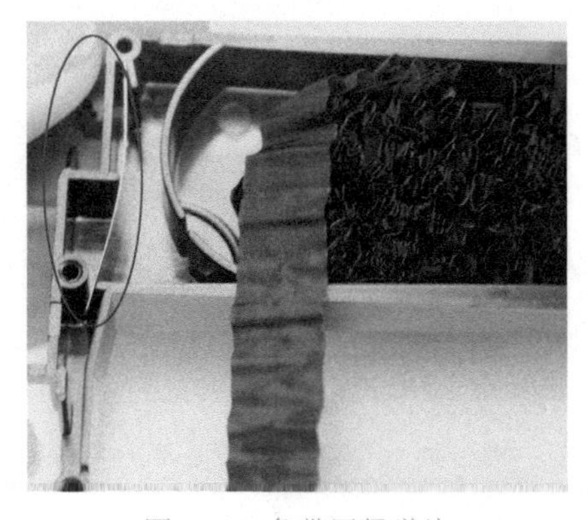

图 3-44 色带压紧弹片

第7步 用手压住弹片，露出缝隙，装入色带芯，如图3-45所示。

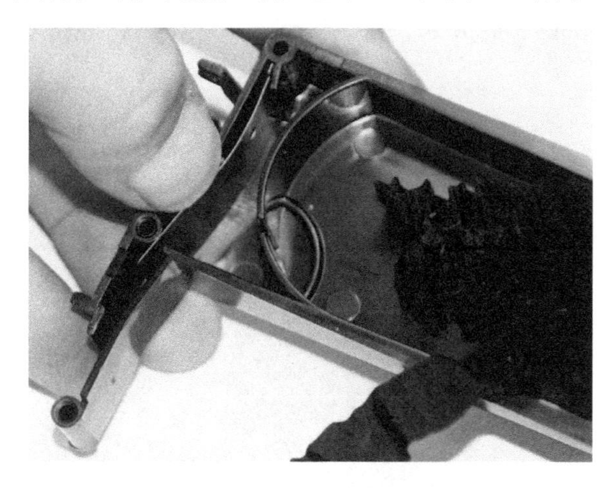

图3-45 装入色带芯

第8步 将色带芯装入缝隙之中，如图3-46所示。

图3-46 将色带芯装入缝隙之中

装入后，色带盒外面往往还会有一些散开的色带没有被装入，如图3-47所示。

图3-47 色带盒外面有些散开的色带没有被装入

第 9 步　盖上色带盒的顶盖，然后逆时针手动旋转色带传动柱，就可顺利将色带盒外面的色带芯转入色带盒，如图 3-48 所示。

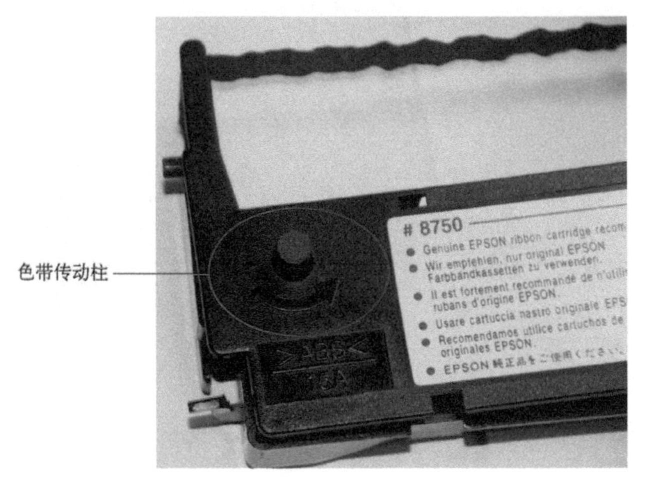

图 3-48　逆时针手动旋转色带传动柱

3.7　电路部分

3.7.1　电源电路的工作原理

针式打印机由于功耗一般较大，故均采用开关电源，将 220V 交流电转变成打印机各部件使用的直流电压，如+5V、+42V 等。开关电源板实物如图 3-49 所示。

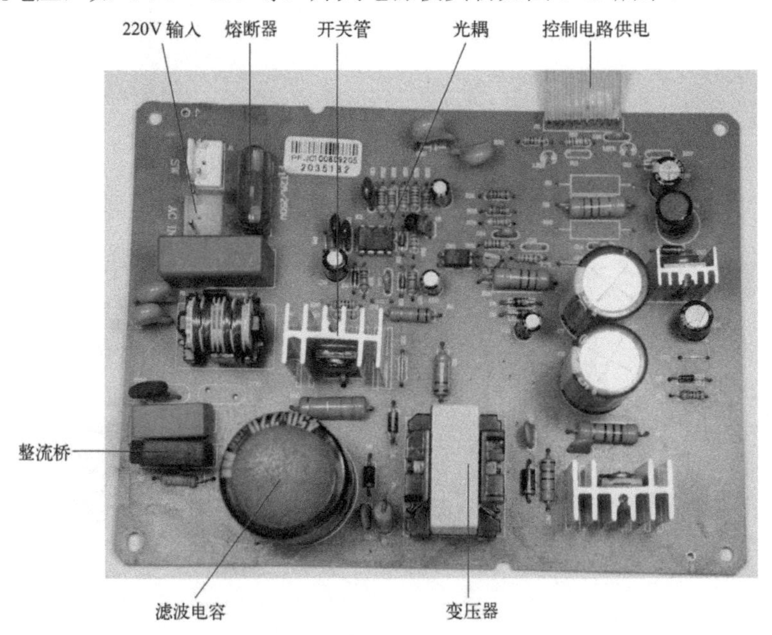

图 3-49　开关电源板实物

爱普生 LQ680 打印机开关电源板电路如图 3-50 所示。

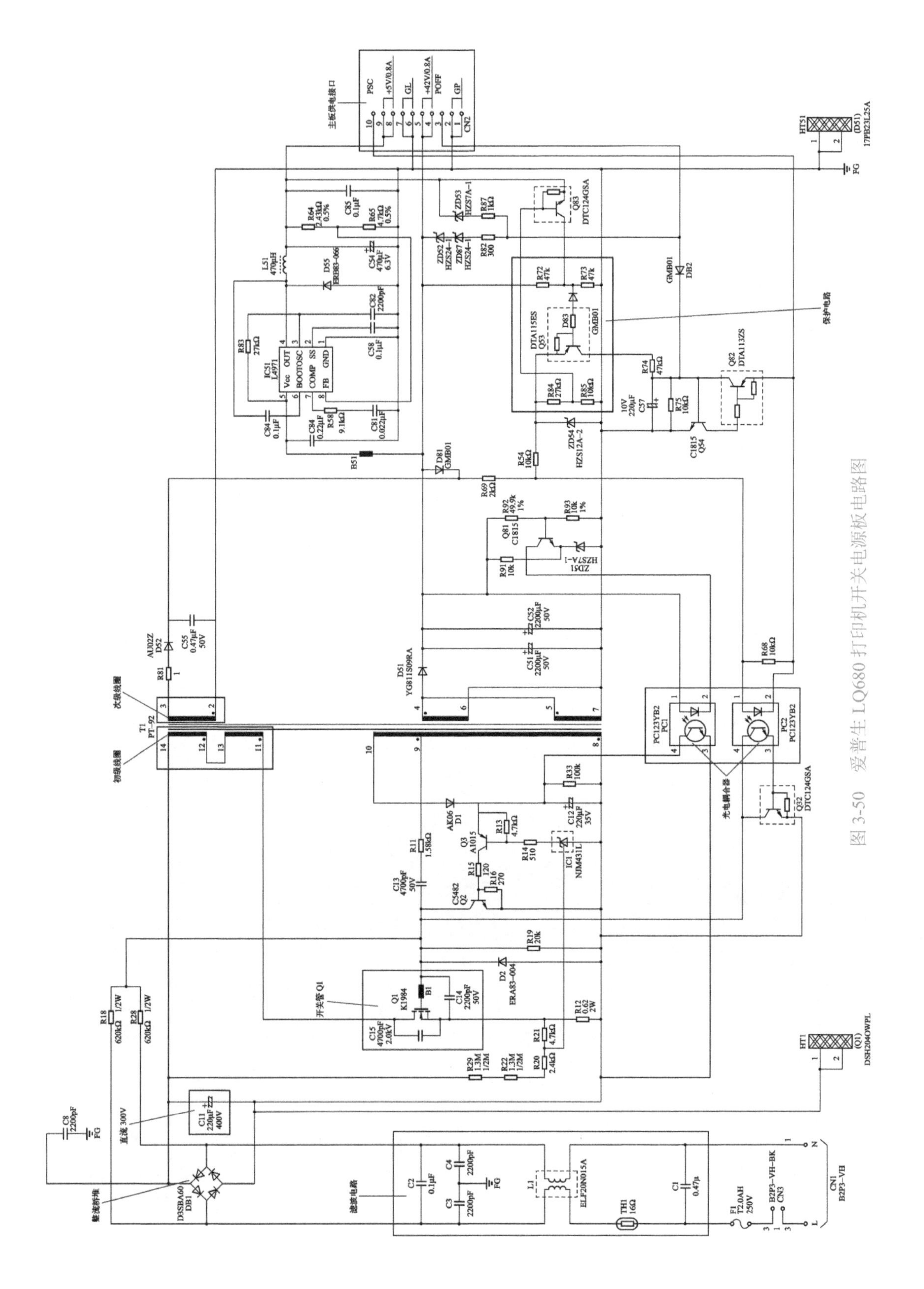

图 3-50　爱普生 LQ680 打印机开关电源板电路图

① 220V 市电电压经过熔断器 F1 送到电感与电容组成的滤波电路中，滤除干扰；由整流桥堆整流，再经 C11 大电容滤波，在大电容 C11 两端产生 300V 左右的直流电压。

② 300V 经过开关变压器 T1 初级绕组 11-14 绕组，加到开关管 Q1 的 D 极，同时市电 220V 经电阻 R18、R28 送到 Q1 的 G 极，使 Q1 导通。

③ 滤波电容 C11 两端的 300V 电压经过开关变压器 T1 初级绕组经过 Q1 到 R12 构成回路，回路中的电流在 T1 的初级绕组上产生电动势，使 T1 的正反馈绕组 8-9 绕组产生的脉冲电压经过 Q1、R12 构成回路，使 Q1 工作在开关状态。

④ 开关电源工作后，开关变压器 T1 次级绕组输出不同的脉冲电压，经整流、滤波后为相应的负载供电。

⑤ 8-10 绕组产生的脉冲电压一路为稳压电路的 Q3 供电，另一路为光耦 PC1 内部的光敏二极管供电。

⑥ 2-3 绕组产生的脉冲电压经整流、滤波后一路加到光耦 PC2 的 1 脚，为内部的光敏二极管供电，另一路经稳压后输出 12V 电压，为保护电路的 Q53 供电。

⑦ 4-6、5-7 绕组产生的脉冲电压经整流、滤波得到 42V 电压，该电压一路为 L4971 供电，另一路通过 CN2 接口的 4 脚输出到主板。

⑧ L4971 工作条件满足后，输出+5V 到 CN2 接口的 9 脚为主板供电。

3.7.2 主控制电路的工作原理

针式打印机所有的动作和功能都是由其控制电路中的微处理器或单片机来控制实现的。不但要完成对打印数据的处理，还要控制机械部件的协调动作，同时还要对面板功能选择和工作状态进行监视以及必要的显示，这一切必须依靠执行打印机专用监控软件来实现。

主控制板实物如图 3-51 所示。

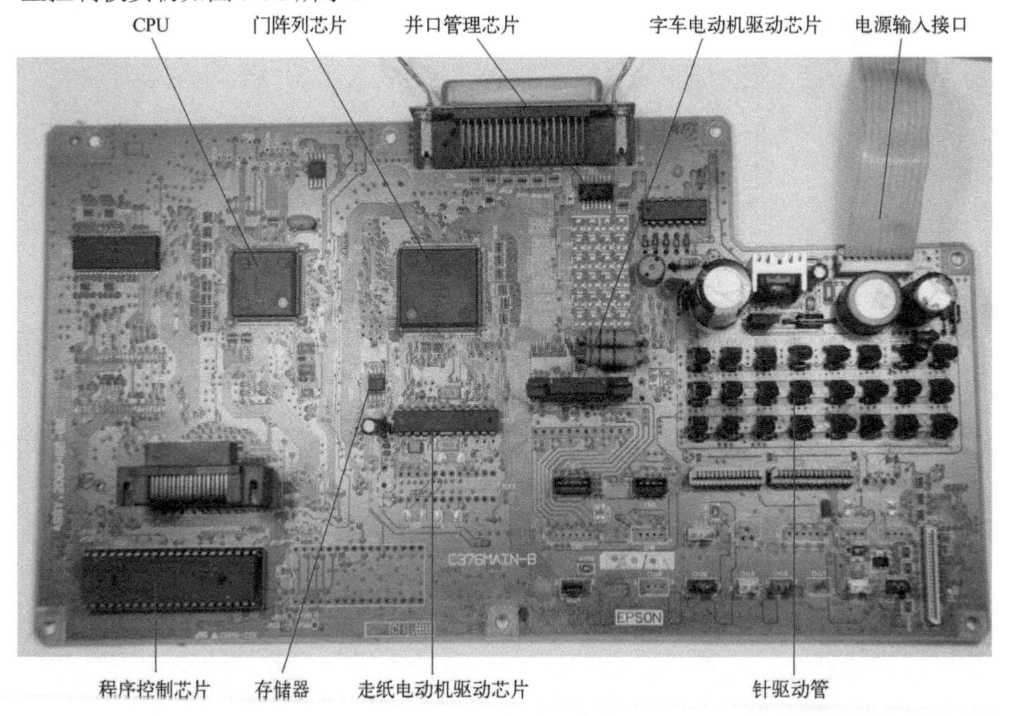

图 3-51　主控制板实物

① CPU：根据 A/D 转换器检测到的模拟信号，控制字车电动机、电动机、EEPROM，输出地址与数据。

② 门阵列芯片：CPU 的数据总线地址及打印数据、脉冲宽度、操作面板的控制。PF 电动机、CR 电动机电流的变化的控制。

③ 并口管理芯片：控制并口信号的传输。

④ 字车电动机驱动芯片：控制字车电动机的转动与停止。

⑤ 电源输入接口：开关电源板输入的 5V、12V、24V、42V 等电压。

⑥ 走纸电动机驱动芯片：控制纸张传送电动机的转动与停止。

⑦ 针驱动管：给对应的线圈供电，控制打印针出针击打色带。

⑧ 程序控制芯片：打印机程序的控制。

⑨ 存储器：默认设置、设定参数、日期的备份存储。

3.8 针式打印机常见故障及其维修思路

3.8.1 电源指示灯亮，字车原地不动

电源指示灯亮，打印机无动作，需检查如下方面。

① 检查导轨是否缺油、生锈，导致字车卡住无法移动。

② 检测字车皮带是否损坏。字车皮带损坏无法给字车提供动力。

③ 检测字车电动机是否损坏。字车电动机损坏后无法带动字车皮带转动。

④ 电动机驱动电路损坏或主控制板坏。

3.8.2 字车撞到打印机机架

字车撞到打印机机架，就是常说的“字车撞墙”，需检查如下方面。

① 字车初始位置检测传感器脏或者坏，字车无法检测到初始位置，导致字车撞到机架。

② 导轨缺油，字车无法到达初始位置就开始打印，导致字车撞墙。

③ 电动机工作异常不受控制，导致字车撞墙。

3.8.3 发送打印命令后，打印机不走纸

针式打印机不走纸，需检查如下方面。

① 数据线有问题，打印机无法接收来自计算机的打印命令，所以打印机无动作。

② 接口电路损坏。并口不支持热拔插，容易损坏。

③ 接口芯片 74LS06 在热拔插的时候容易损坏。

④ 在驱动程序里面选择了暂停。找到驱动程序，单击鼠标右键有“暂停打印”这个选项。

鼠标指针定位在打印机驱动程序可以显示打印机状态，正常情况下打印机状态显示“就绪”。

3.8.4 打印时纸张走斜

针式打印机纸张走斜，如图3-52所示，需检查如下方面。

图3-52 针式打印机纸张走斜

① 走纸轮间隙大或不平衡，有一边不能与纸张接触，可能是拆过打印机后没有装好。

② 走纸轮一边脏，无法摩擦走纸。

③ 打印胶辊脏，对纸张不能产生摩擦而打滑。打印胶辊表面脏，会导致纸张走歪，用无尘布清洁其表面即可，如图3-53所示。

图3-53 清洁打印胶辊

3.8.5 打印时色带不转动

色带不转动故障的检查顺序如下。

① 色带不转动，可能是色带驱动机构齿轮磨损或移位。

② 色带内部齿轮损坏，色带被挂住，都会导致色带不转。

3.8.6 打印速度慢

打印速度过慢故障的检查顺序如下。

① 打印头内部有一个热敏电阻，用来检测打印头的温度，以保护打印头。如果导针板过脏，打印头工作时阻力过大发热，会导致速度变慢。排除此故障的方法是把打印机关掉几分钟，再次开机打印观察打印速度，如果速度有所提升，可以断定就是打印头发热过大。

② 数据线过长，数据传输慢所致。

③ 打印文件过大，会导致打印机反应变慢。

3.8.7 打印浅或打印全白纸

打印浅或打印全白纸，如图 3-54 所示。故障原因如下。

图 3-54 打印浅或打印全白纸

① 针式打印机都有一个纸厚调节杆，用来调节打印头与打印纸之间的距离。如果打印头与打印纸距离太远，打印针无法击打到纸张表面，就会造成打印全白纸的现象。

② 如果打印内容浅，可能是因为打印针刚触碰到打印纸表面不能把油墨完全转印到打印纸所致。

③ 色带使用时间过长，色带芯内部的油墨已经耗尽，导致无油墨或者是较少的油墨转印到纸张表面。这种情况也会导致打印浅或者是打印全白纸的现象。

3.8.8 打印有横向白线

针式打印机打印有横向白线，如图 3-55 所示。大多是因为个别打印针不出针击打色带所致，具体原因如下。

① 打印针被折断或针头过短，无法击打到色带。

② 打印头内部线圈烧坏，无法控制打印针出针。

③ 针驱动管损坏，无法给线圈提供电流，导致无法出针。

www. Chinafi
x.com.cn
迅维网
ABCDEFGH
IJKLMNOP
QRSTUVW
XYZ

图 3-55　打印有横向白线

3.8.9　加电后打印机指示灯不亮

指示灯不亮说明没有供电或是负载短路所致，检查顺序如下。

① 打开室内其他电器设备排除供电问题。

② 检查电源线、电源插座、开关按键有无异常。

③ 打印机电源板损坏、负载短路、主板元器件损坏。

第4章

喷墨打印机

4.1 喷墨打印机的内部结构及其工作原理

4.1.1 喷墨打印机的内部结构

喷墨打印机的内部结构如图 4-1 所示。通常，喷墨打印机的喷头就是打印头，喷头这个词更常用。后面 4.3～4.6 节会详细介绍这些部分的功能。

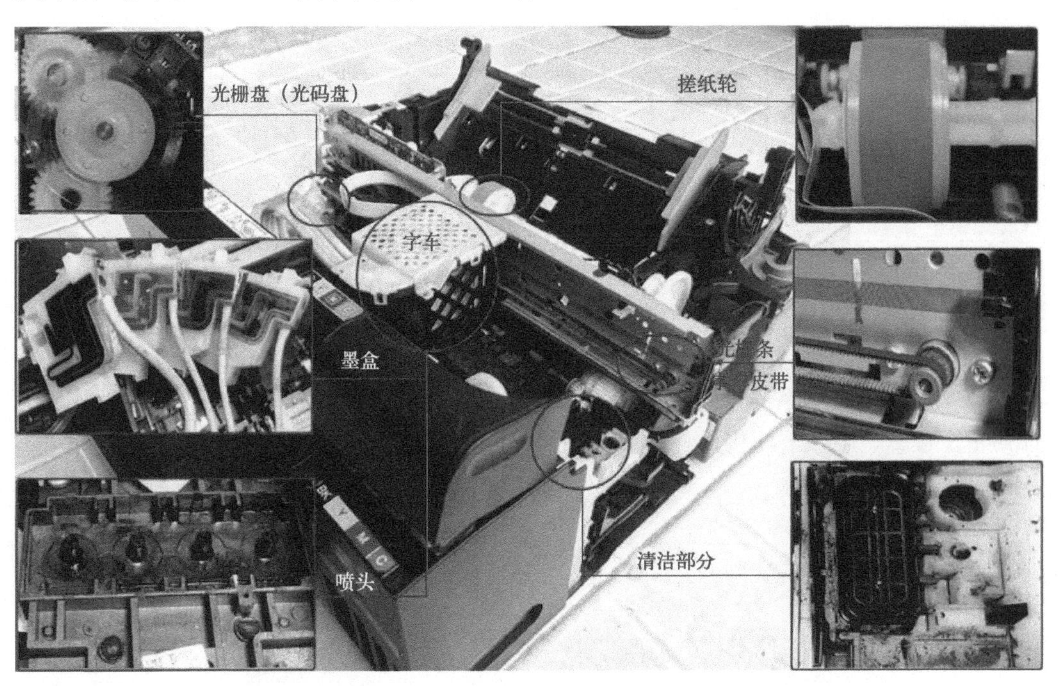

图 4-1 喷墨打印机的内部结构

4.1.2 喷墨打印机的工作原理

喷墨打印机按喷墨方式分为热气泡式和微压电式两种。

1. 热气泡式

惠普、佳能喷墨打印机主要使用热气泡式喷墨技术。其墨盒多数与喷头一体，如图 4-2 所示。

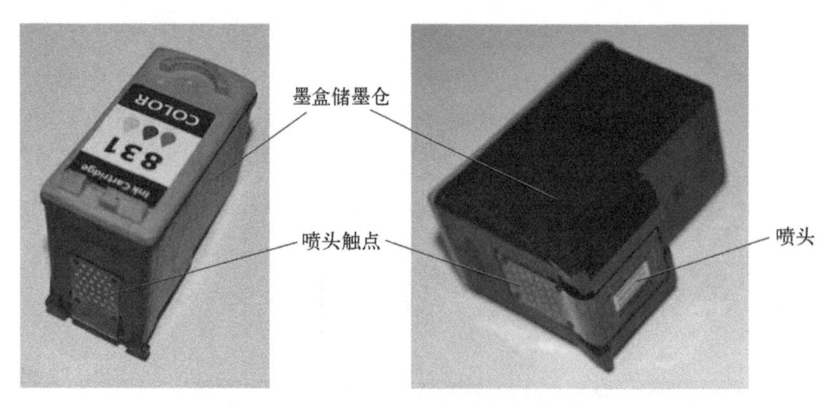

图 4-2　惠普、佳能一体式墨盒

热气泡式喷墨打印的原理：将墨水引导到一个非常微小的毛细管中，当用户发送打印命令的时候，主板将文字信息转换为电流信号，发送给喷头控制板。喷头控制板控制加热元件工作，加热装置迅速将墨水加热到沸点产生气泡，气泡膨胀体积增大迫使喷头内部墨水喷射到打印纸上形成墨点，如图 4-3 所示。

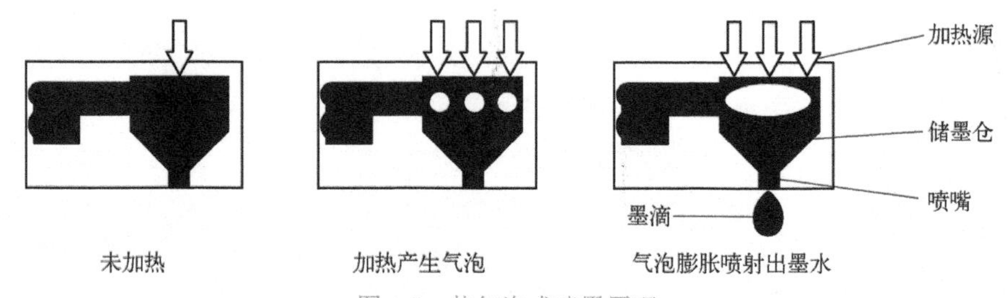

图 4-3　热气泡式喷墨原理

优点：墨盒、喷头一体化，更换方便。

缺点：在使用过程中会加热墨水，墨水在高温下容易发生化学变化，导致打印出的色彩会受到影响。由于墨水是通过气泡喷出的，墨水喷射的方向与体积大小很不好控制，影响了打印质量。墨盒、喷头一体化，相对增加了耗材的成本。

2．微压电式

爱普生喷墨打印机主要使用微压电式喷墨技术。其墨盒多数与喷头分离，如爱普生墨盒，如图 4-4 所示。

图 4-4　爱普生墨盒

微压电式喷头固定在打印机的字车上，拆下后如图 4-5 和图 4-6 所示。

图 4-5　微压电式喷头（正面）

图 4-6　微压电式喷头（反面）

微压电式喷墨打印的原理：微压电技术采用微电压的变化来精确控制墨点的喷射方向和形状。微压电式是将许多小的压电陶瓷放置在喷墨打印机的喷头附近。墨水随导墨柱的顶部流入喷头的墨仓部分，喷头驱动板用来控制压电元件。当发送打印命令给打印机的时候，打印机会把文字信息转换为电流信号传送到喷头控制板，利用压电陶瓷在电压作用下会发生变形的原理，当图像信息电压加到压电元件上时，压电元件的伸缩振动随着电压信号的变化而发生变化，控制墨滴的大小及方向喷出墨水，在纸张表面形成图案，如图 4-7 所示。

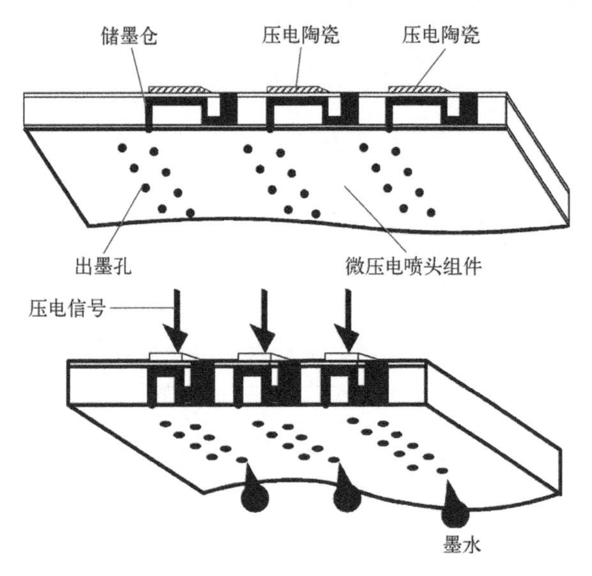

图 4-7　微压电式喷墨原理

优点：在常温状态下将墨水喷出，对墨滴控制能力较强，打印质量高，喷墨时无须加热，墨水不会因受热而发生化学变化，降低了对墨水的要求。喷头固定在打印机中，更换墨水时不必更换喷头，只需要更换墨盒就可以，降低了打印成本。

缺点：微压电喷头如果被阻塞，更换麻烦不易操作。喷头的制作成本比较高，如果损坏更换价格相对较高。

4.2 字车组件

字车组件由字车、字车电动机、字车皮带、导轨、字车位置检测传感器、光栅条等组成。

字车（见图4-8）的作用是带动喷头与墨盒左右移动并喷出墨水。

图4-8　喷墨打印机的字车

4.2.1　字车位置检测传感器及其故障处理

目前市面上主流喷墨打印机采用两种方法来控制字车的移动。

一种是使用步进电动机，受控制板发出的脉冲信号用来控制其转动的圈数，以达到控制字车移动的距离。

第二种是使用光栅条加光电编码传感器配合直流电动机来控制。

本节以第二种为例进行讲解。其光栅条加光电编码传感器控制的结构组成如图4-9所示。

图 4-9 光栅条加光电编码传感器控制的结构组成

当主板发出信号驱动电动机的时候，电动机受光栅条及传感器信号控制转动，并确定字车初始位置。光栅条上有无数的竖向线条，线条与线条之间都有一定的间隙并且间距相等。黑色线条本身属于不透光区域，线条与线条之间的间隙为透光区域。当传感器被线条遮挡时，光线无法通过，属于截止状态，当传感器走到间隙处，光线导通，如图 4-10 所示。

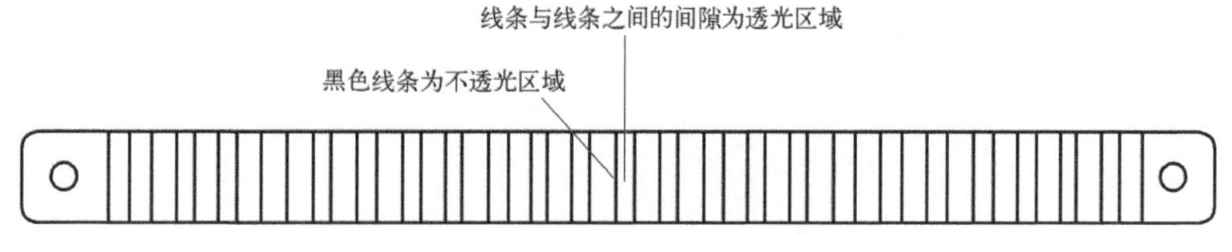

图 4-10 光栅条原理图

字车左右移动，传感器不断导通截止，由此发出有规律的脉冲信号到主板，主板以此脉冲信号发出的次数来控制字车移动的距离。

注意事项：在维修过程中，不可用手触碰光栅表面，如果脏污会导致光电编码传感器无法读取其刻度，其故障表现为，字车在移动过程中会撞到打印机架，也称之为“字车撞墙”。

故障处理：用无尘布或棉签加医用酒精清洁表面脏污处，不可用高腐蚀性液体清洁，否则会导致光栅条损坏。

4.2.2 字车电动机及其好坏判断

字车电动机的作用是带动字车架左右移动。工作的时候，字车电动机根据光电编码传感器提供的信号控制字车移动的距离。字车电动机的位置如图 4-11 所示。

字车电动机损坏后常见的故障表现为，开机后整机无动作。这时候需要对其进行测量才能判断其是否损坏。

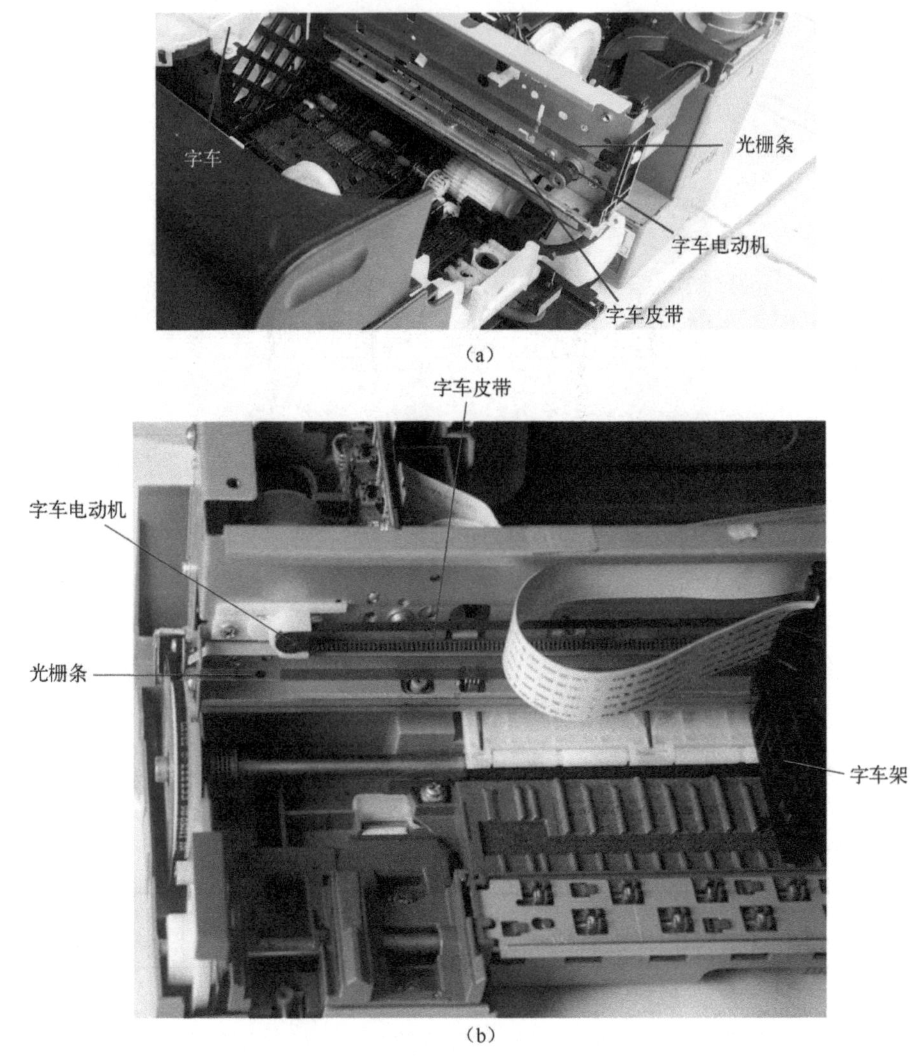

（a）

（b）

图 4-11　字车电动机在打印机中的位置

两脚字车电动机的测量方法如图 4-12 所示。

图 4-12　两脚字车电动机的测量

数字万用表打到二极管挡位，两支表笔分别接电动机的两个脚，测得二极体值为 48 左右。因品牌与电动机所在的位置不同，测出的二极体值也有所差异，数值仅供参考。

4.3 喷头

4.3.1 喷头介绍及其常见故障

喷头是喷墨打印机的核心组件，负责将墨水喷射到纸张表面形成图文。喷头常见的故障为喷头堵塞，喷头堵塞后会导致打印质量下降的现象。

喷头堵塞后的打印现象如图 4-13 所示。

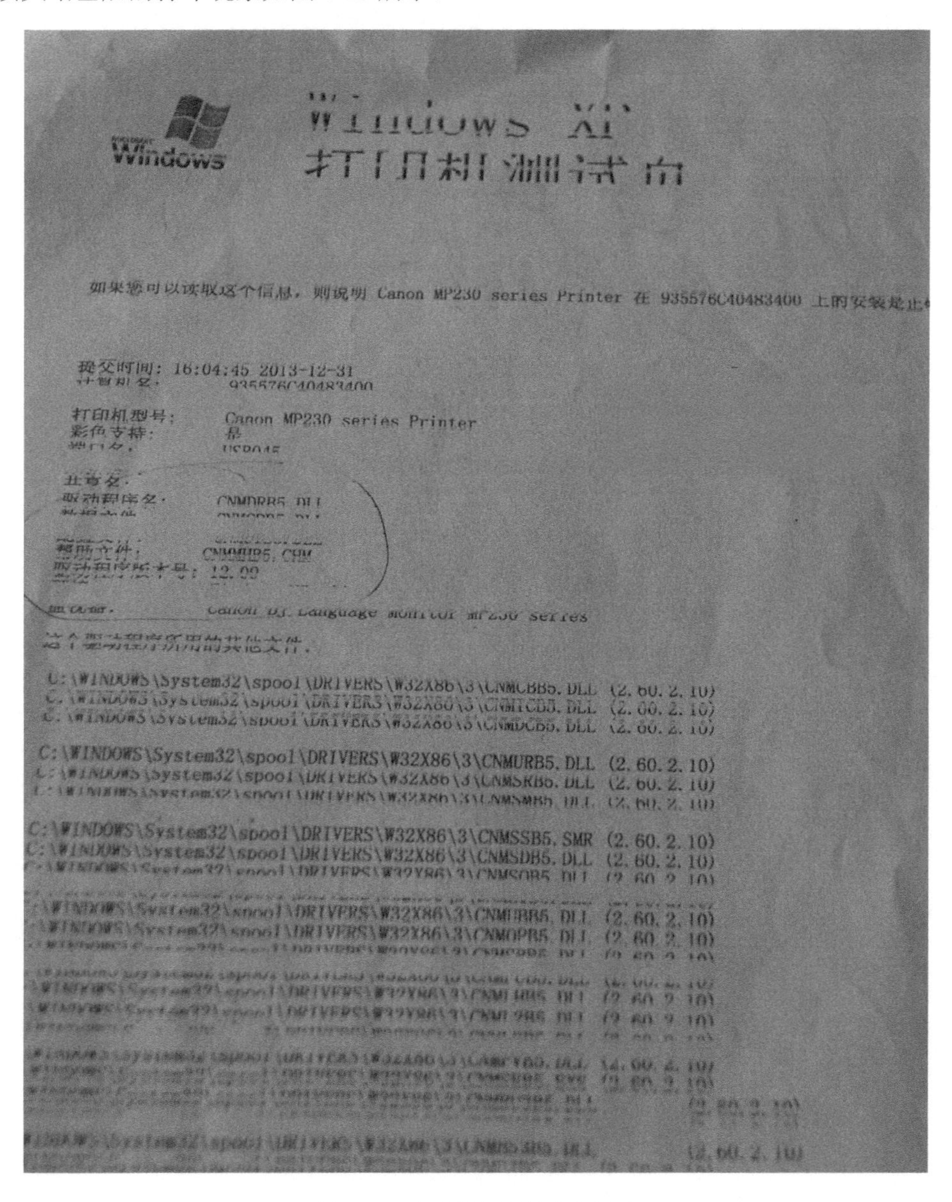

图 4-13　喷头堵塞后的打印现象

造成喷头堵塞的原因如下。

① 打印机长时间闲置不用：喷墨打印机长时间闲置不用，容易使墨水干枯结块，使喷头堵塞。如果长时间闲置不用，建议将墨盒密封放置。

② 墨水质量差：目前很多用户都自己添加墨水，但市面上的墨水鱼龙混杂，当把质量差的墨水添加到墨盒后，轻则喷墨打印机喷头堵塞，严重甚至导致喷头报废，无法清通。

③ 使用环境差：当打印机在非常差的环境中运行时，空气中的灰尘、粉尘等其他杂质落入墨水中也会导致喷头堵塞。

4.3.2 喷头堵塞清洗方法

第 1 步 用驱动程序自带的清洗程序进行清洗，如图 4-14 所示。清洗两次还达不到预想的效果，就考虑用拆下喷头的方法了。因为清洗超过两次，原装墨盒自带的墨水就接近被抽空了。

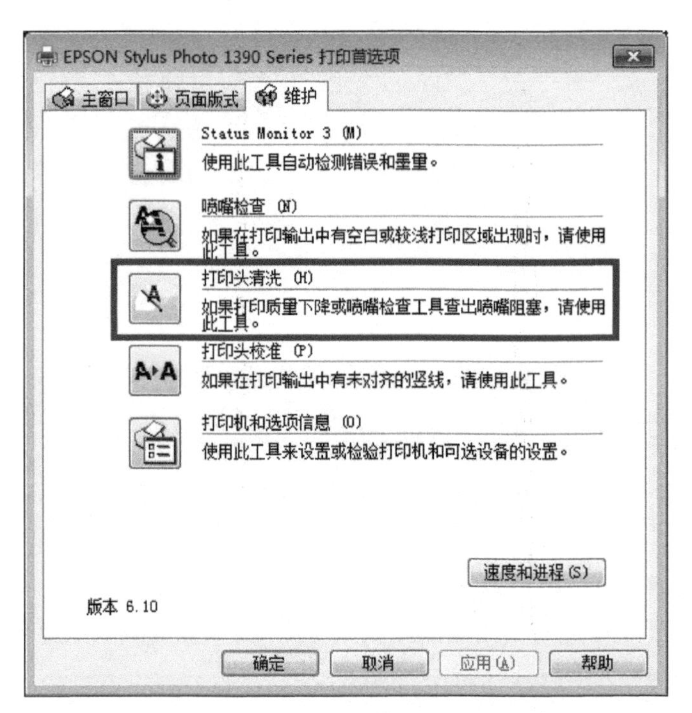

图 4-14 打印头（喷头）清洗功能

第 2 步 拆下喷头，用注射器抽满清洗液或者酒精，连接软管套在导墨柱上进行冲洗，如图 4-15 所示。

第 3 步 如果第 2 步方法还不奏效，就拆下喷头放在清洗液或者酒精里面浸泡，具体操作方法如图 4-16 所示。

图 4-15 爱普生打印头（喷头）清洗（1）

图 4-16 爱普生打印头（喷头）的清洗（2）

浸泡注意事项：浸泡时，清洗液或酒精不宜过多，不可使清洗液或酒精浸泡喷头电路部分，只能浸泡喷嘴位置。

4.4 输纸组件

输纸组件的作用是输送打印纸进入打印机，待打印完毕后再将纸张送出打印机。输纸组件包含搓纸轮、分页器、光码盘、纸张检测传感器等。

用户发送打印命令到打印机，打印机主电动机转动，并带动搓纸轮利用其表面摩擦力送入纸张，分页器利用自身摩擦力控制一张纸张送入机器，当纸张触碰到纸张检测传感器的时候，字车左右移动，喷头开始喷出墨水。喷头喷出墨水的时候，纸张属于静止状态，当一行字体内容打印完毕后，走纸电动机控制纸张向前推动，纸张向前推动的时候，喷头不会喷出墨水，等纸张到达指定的位置后，喷头再次喷出墨水，纸张再次停止，一直循环此动作，直到打印内容完毕，纸张走出打印机。

4.4.1 分页器及其常见故障处理

分页器的工作原理如图 4-17 所示。纸张放入纸张托盘时，纸张处于倾斜状态，分页器的位置使得在所有的纸张底部形成阻力。搓纸轮则接触纸盒内最表面一张纸张，并利用其本身的摩擦力对纸张进行摩擦走纸。因纸张托盘内所有纸张底部都有阻力，所以搓纸轮转动一次只能带进表面的一张纸，达到分页的效果。

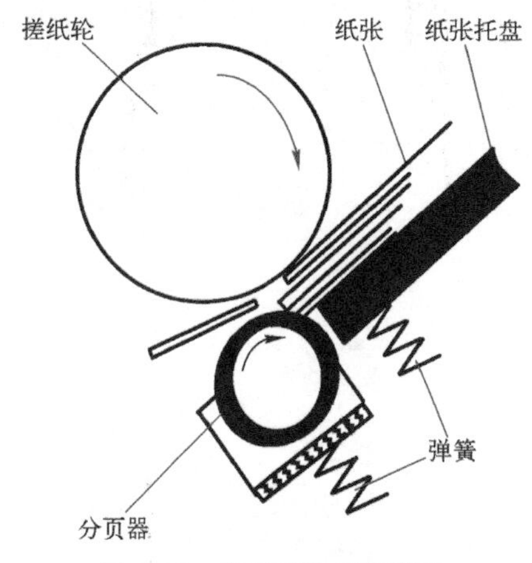

图 4-17 分页器的工作原理

常见故障：分页器表面脏或磨损导致的故障现象为多张打印纸一起进入打印机，进入的纸张过多会导致卡纸现象。

排除方法：如果分页器过脏，可以医用酒精清洁其表面；如果磨损，就需要更换才能排除故障。

4.4.2 光码盘及其常见故障处理

光码盘用来控制打印纸纵向移动的距离。光码盘的位置如图 4-18 所示。

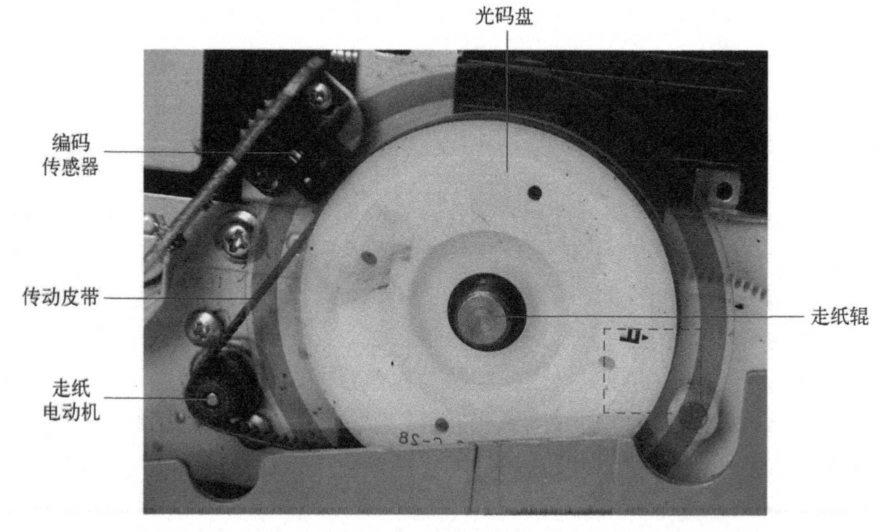

图 4-18 光码盘的位置

光码盘上面刻有许多刻度，每个刻度都有按一定规律排列的透光区和暗区部分，如图 4-19 所示。工作时，编码传感器发出的光投射在码盘上，码盘被电动机带动旋转。当码盘旋转到透光区的时候，编码传感器发出的光被编码传感器另一端接收，产生一个信号。当码盘旋转到暗区的时候，编码传感器发出的光被暗区遮挡，又产生一个不同的信号。编码传感器根据这两个光电变化输出数字信号，前者为“1”，后者为“0”。编码传感器将这些信号转换成周期性的电信号，再把这个电信号转变成计数脉冲，用脉冲的个数计算移动的数据，依据此数据来控制纸张移动的距离。

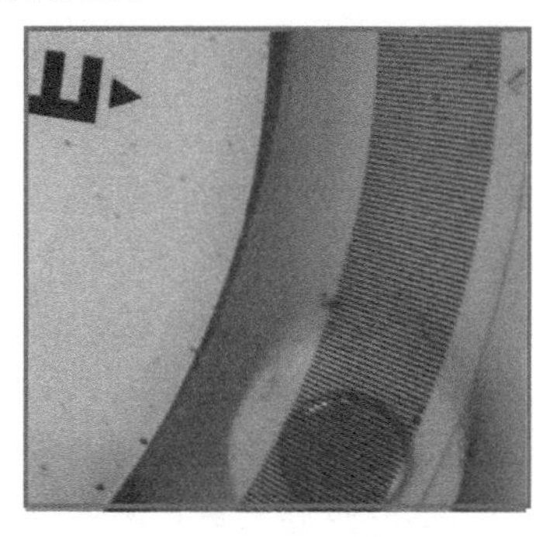

图 4-19　光码盘局部放大图

常见故障：打印过程中墨水溅到光码盘的刻度线上，导致编码传感器无法正确读取刻度。在不同品牌的打印机上，故障表现也不同，在惠普、佳能等喷墨打印机上表现为连续走纸，在爱普生喷墨打印机上表现为纸灯与墨水灯快速闪烁。

排除方法：用棉签或无尘布加医用酒精清洁光码盘表面脏污，如果清洁不能排除故障，就只有更换光码盘了。

4.4.3　纸张检测传感器及其常见故障处理

纸张检测传感器（见图 4-20）由一个控制杆控制槽型光电传感器的光线导通与截止。当没有纸张的时候，光敏管处于导通状态，没有信号输入到 CPU 电路，CPU 认为打印机为缺纸状态。当打印纸经过时把传感器控制杆撞开以后，发光管发出的光束被控制杆遮挡，由此产生的控制信号通知 CPU，CPU 收到此信号后，发出指令控制打印机下一步的工作。

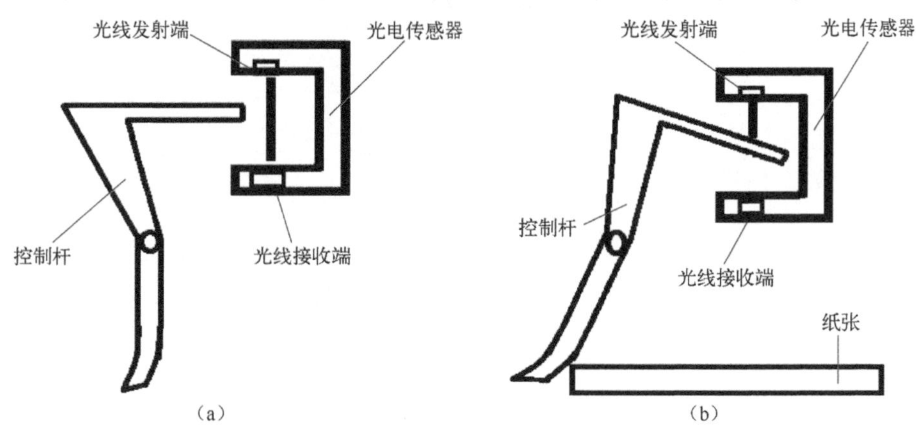

图 4-20　纸张检测传感器工作原理图

常见故障：纸张检测传感器常见故障为控制杆不复位，传感器的发射端或接收端脏，导致的故障现象为误报卡纸，或者是误报缺纸。

故障处理：如果是控制杆无法复位，大多是复位弹簧松脱引起，重新装好即可。传感器发射或者是接收端脏可以用棉签来清洁。

4.5 清洁组件

4.5.1 清洁组件的工作原理

清洁组件包含密封罩、废墨管、清洁泵、废墨吸收垫等。

喷墨打印机的喷头属于喷墨打印机的核心部分。打印质量的好坏，都与喷头有着密切的关系。喷墨打印机用户在使用过程中，使用耗材的优劣或环境等因素都会导致喷头堵塞。清洁部分的作用就是疏通堵塞的喷头。

清洁组件的工作原理如图 4-21 所示。字车走动到清洁组件，因作用力致使字车向右边走动，走到右边清洁部分向上抬起，使密封罩与喷头成密封状态，排墨管一端连接密封罩一端在清洁泵里面受泵挤压产生吸附力，达到抽出墨水的效果。

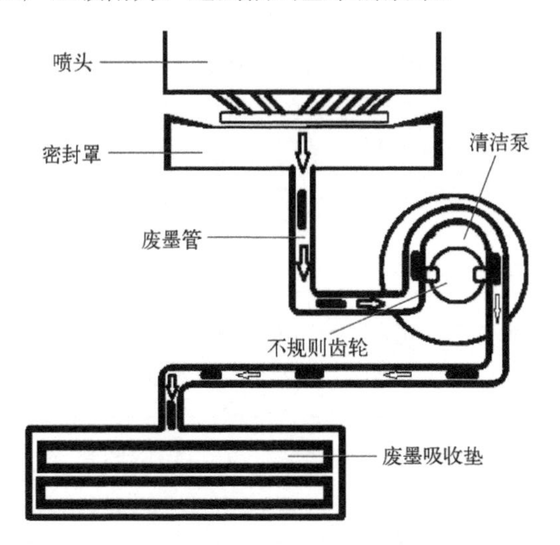

图 4-21　清洁组件的工作原理

4.5.2 密封罩的介绍

当用户发送清洁命令的时候，字车移动到清洁单元，并推动清洁单元上升，其目的是让密封罩与喷嘴底部成密封状态。密封罩底部有一个过孔，由废墨管连接至清洁泵内部。

4.5.3　清洁泵的介绍

清洁泵是由一组不规则的齿轮组成的。清洁的时候，不规则齿轮转动并挤压废墨管，使废墨管内部的空气向一个方向排出，另一端就会产生吸附力。废墨管的另一端与喷嘴成密封状态，所以就能达到抽出墨水清洁喷嘴的效果了。

4.6　喷墨打印机的清零

4.6.1　什么叫清零

清零是一种指令。在计算机硬件中，常用的存储器件有计算器、累加器、中央存储器、外部存储器、地址存储器等。使用清零指令，可以将存储器件的状态变成原始的零状态。

4.6.2　什么情况下需要清零

打印机生产企业，为了阻止用户使用兼容耗材，在打印机内部安装了打印废墨计数器，该计数器详细记录每次打印机喷头所喷出的墨量，如换墨盒、清洗喷头、正常打印等。

当这个数据达到打印机内部设置的数值上限时，会提示打印机耗材使用寿命到期，打印机厂商的说法是打印机收集废墨的海绵即将溢出。这时就需要进行清零了，清零后，打印机才可以继续使用。

4.6.3　喷墨打印机的清零方法

本节以 L360 墨仓式打印机为例，讲解喷墨打印机的清零方法如下。

第 1 步　双击 AdjProg.exe 程序，运行清零软件，如图 4-22 所示。

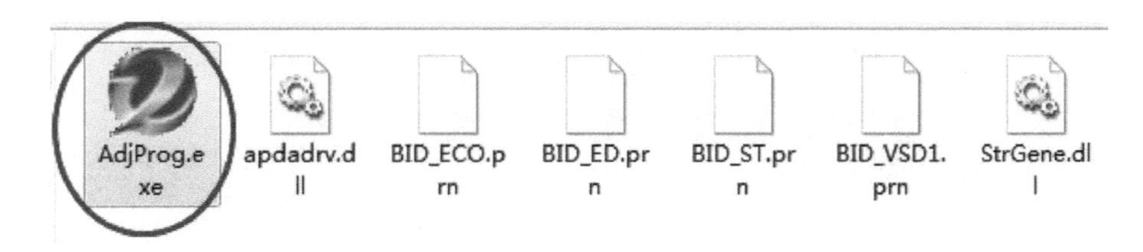

图 4-22　运行清零软件

第 2 步　进入清零软件，出现如图 4-23 所示界面，单击 Accept 按钮。

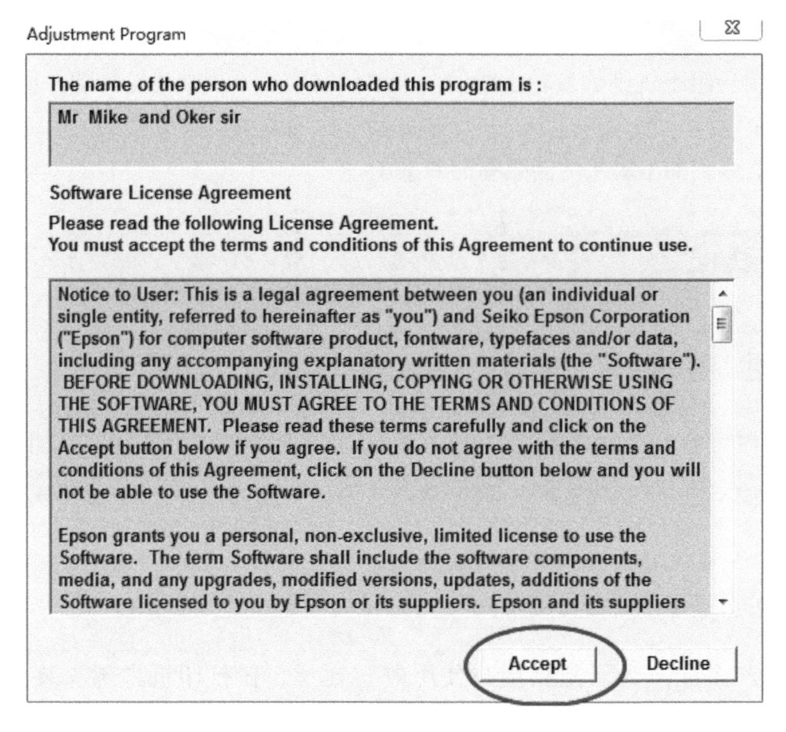

图 4-23　单击 Accept 按钮

第 3 步　进入如图 4-24 所示界面后，单击 Select 按钮。

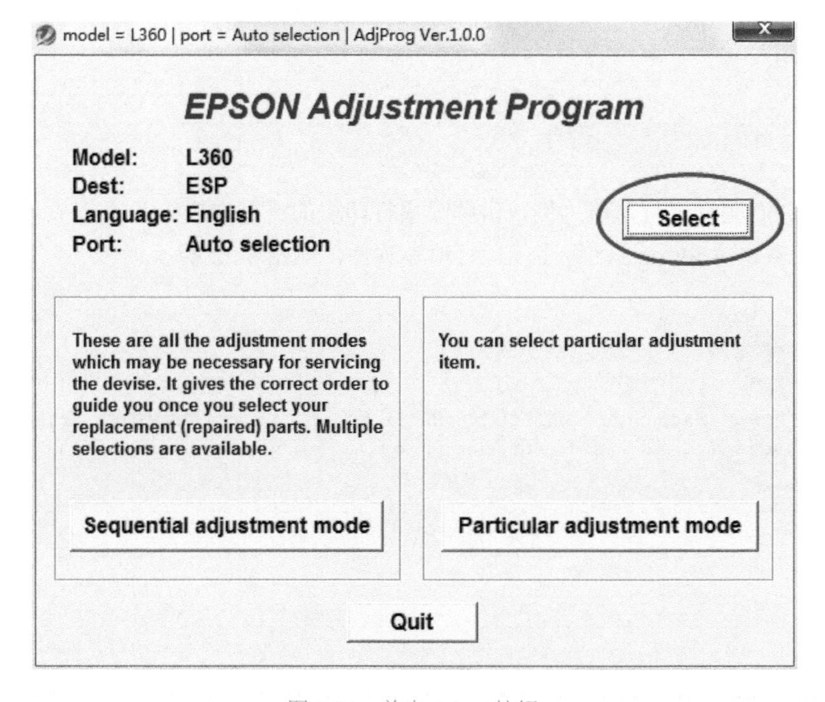

图 4-24　单击 Select 按钮

第 4 步　进入如图 4-25 所示对话框，选择带有“L360”字样的端口。选中端口后单击 OK 按钮，如图 4-26 所示。

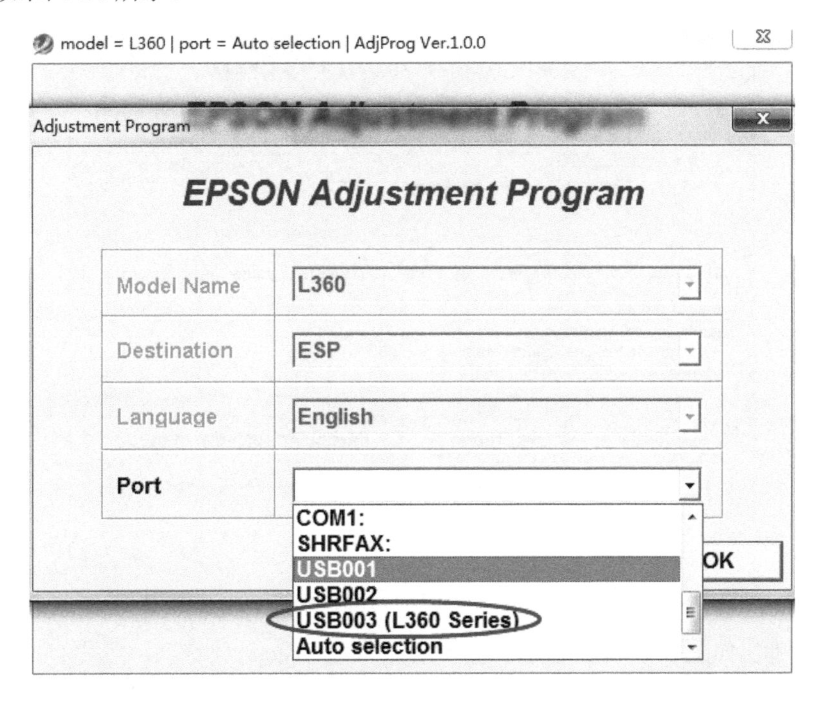

图 4-25　选择打印机的端口

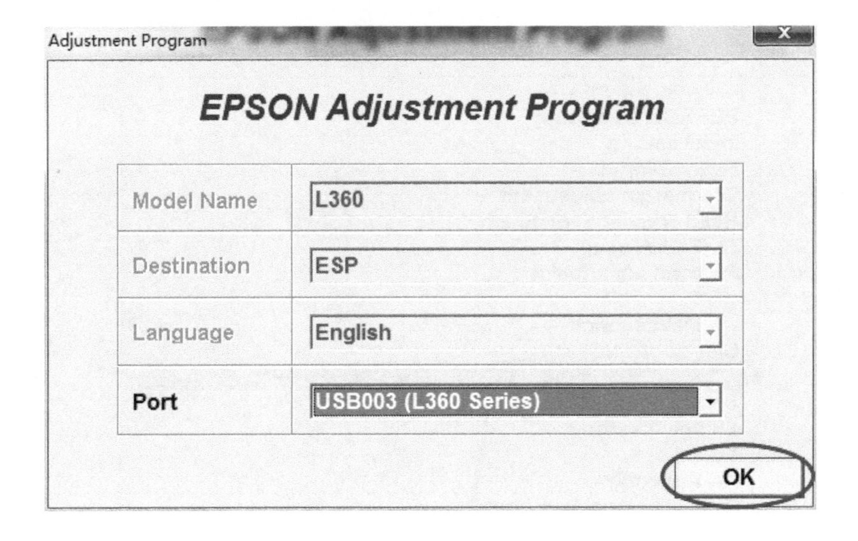

图 4-26　单击 OK 按钮

第 5 步　端口选择完成后跳回到主操作界面，然后单击 Particular adjustment mode 按钮，如图 4-27 所示。

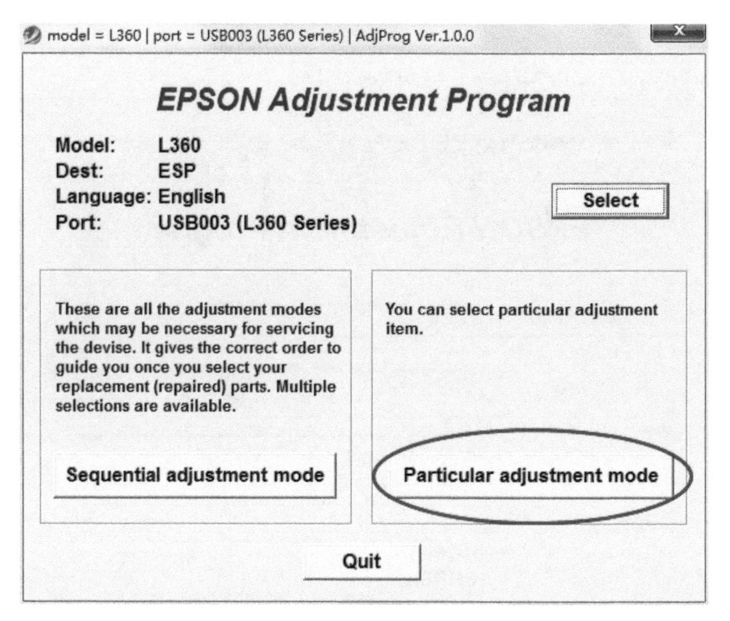

图 4-27　选择 Particular adjustment mode

第 6 步　弹出如图 4-28 所示界面，选择 Waste ink pad counter 选项，然后单击 OK 按钮。

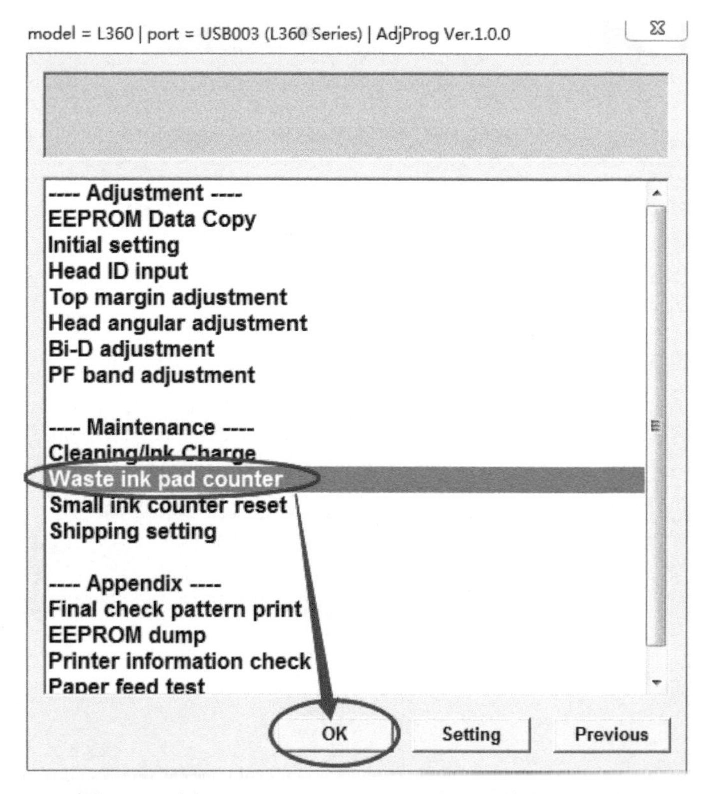

图 4-28　选择 Waste ink pad counter 选项后单击 OK 按钮

第 7 步　弹出如图 4-29 所示界面，勾选 Main Pad Counter 复选框，然后单击 Initialization 按钮。

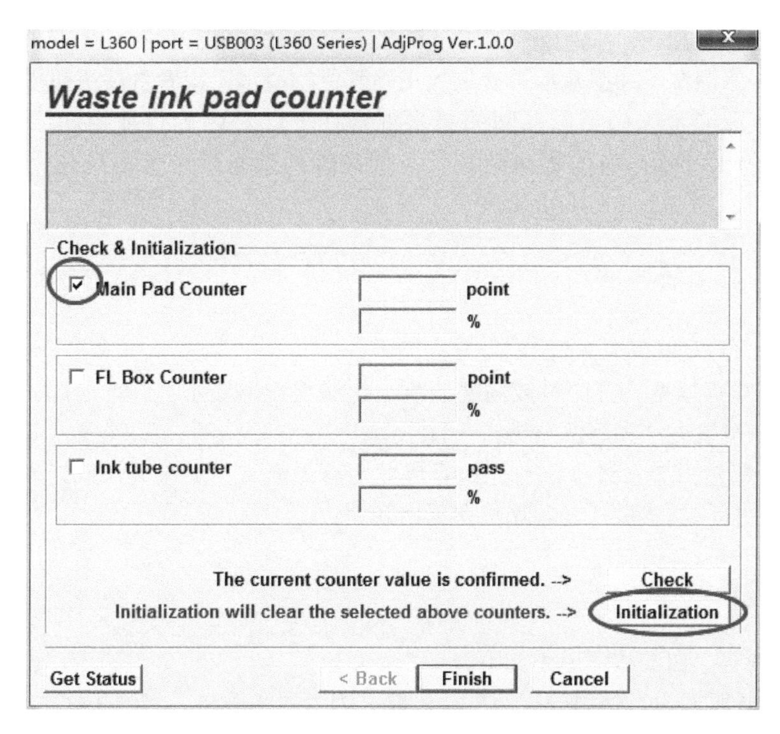

图 4-29　Main Pad Counter 设置

第 8 步　单击“确定”按钮，完成初始化，如图 4-30 所示。

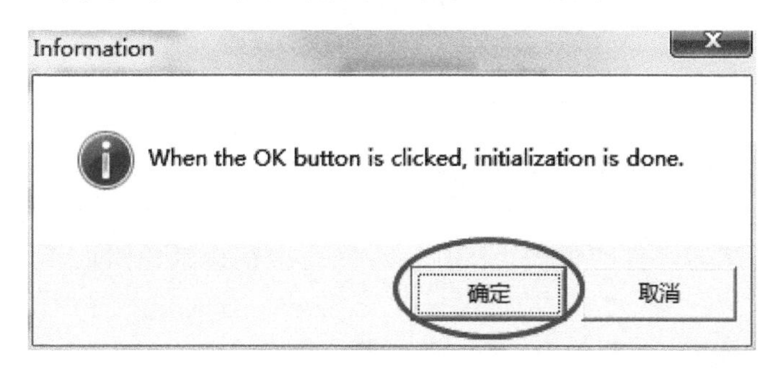

图 4-30　单击“确定”按钮完成初始化

4.7　喷墨打印机常见故障维修思路

4.7.1　打印内容偏色

在平时打印照片或者图片时，经常会遇到打印出来的印品颜色与图片颜色相差甚远，此故障的原因如下。

① 部分喷嘴被堵塞，调色不匀导致偏色。遇到这种故障首先要打印一张测试页，观察喷头有无堵塞。如果喷头堵塞可清洗喷头。

② 如果没有堵塞，则可能是因为用户在加墨水的时候将颜色混淆，导致颜色不正。解决方法：用纯净水清洗干净墨盒后再次加入正确颜色的墨水，或者直接更换墨盒。

③ 另一种可能是因为不同品牌的墨水混合在一起。因为目前市面上的墨水质量良莠不齐，有的墨水鲜艳，有的墨水暗淡。不同品牌的墨水是不可混淆使用的，解决方法同②。

4.7.2 打印内容出现横向白条

导致打印内容出现横向白条的故障原因如下。

① 大部分喷嘴堵塞。打印时被堵塞的喷嘴无法喷射出墨水，从而引起打印内容出现横向白条的现象。解决方法为清洗喷头。

② 打印机墨盒内墨水过少。首先检查墨盒内有无墨水，如果无法确定有无墨水，可先添加墨水后再次打印测试页，查看喷头有无堵塞。

4.7.3 打印内容全白

导致打印内容全白的故障原因如下。

① 如果是长时间没有使用的打印机，可能是因为墨水干枯导致喷头堵塞。

② 打印机墨盒内无墨水，解决方法是添加墨水。

③ 如果是正在使用的时候突然打印全白纸张，可能是因为喷头内部损坏，喷头无法喷射出墨水从而导致的。可用替换法确认是否为墨盒问题，如喷头内部损坏，则直接更换。

4.7.4 打印机卡纸

导致喷墨打印机卡纸的原因如下。

① 如果纸卡在搓纸轮下方，可能是因为搓纸轮表面纹路磨损摩擦力变弱，导致纸张延迟到达纸路传感器，打印机停止工作，纸张就卡在搓纸轮附近。解决方法是更换搓纸轮。

② 纸路有异物存在，拆机检查，有异物清除异物。

③ 传感器无法复位，检查传感器，将其复位。

4.7.5 开机后指示灯亮，字车没有动作

每种类型的打印机开机后，都会有一个自检过程，用来检查打印机自身有无故障。当开机后字车完全没有动作，说明没有通过自检。可能的故障原因如下。

① 传感器没复位，传感器控制杆断，传感器坏。

② 打印机机盖没有关闭，或机盖传感器坏。

③ 字车电动机坏，或电动机驱动芯片坏。

④ 字车皮带断无法传输动力等。

4.7.6 墨水自动溢出

打印时经常会遇到有大块墨迹在打印纸上，导致部分内容无法看清。可能的故障原因如下。

① 喷头内部损坏，导致墨水自动溢出。

② 墨水添加过多，也会导致墨水溢出。

③ 如果是连续供墨系统墨水自动溢出，可能是因为外置储墨仓放置过高，压力过大等。

4.7.7 连续供墨系统输墨管内进空气

为节省打印成本，改装连续供墨系统，已经非常普遍。因连续供墨系统的普及，给维修人员带来一系列新的故障。例如，输墨管内会反复进空气就是我们经常遇到的一种故障，其原因主要如下。

① 墨盒上手动打的孔过大，导致墨盒与连续供墨系统输墨管接头处间隙大，解决方法是用胶水密封接头处或直接更换新墨盒。

② 爱普生的喷墨打印机可能是因为分体墨盒底部的孔过大，解决方法是更换墨盒。

③ 输墨管破损，解决方法是更换输墨管。

4.7.8 打印字体歪斜，表格线条不直

打印字体歪斜、表格线不直的故障在不是很严重的情况下，打印文本时是不容易发现的，但打印表格时就会看得很明显了。

① 可以通过打印机驱动程序中“打印头校准”功能进行校准调试。

② 在驱动程序里面把打印速度调低，也可间接改善此故障。

4.7.9 字车撞墙

喷墨打印机字车撞墙，可能的故障原因如下。

① 首先排除导轨是否缺油。正常情况下，每次打印时喷墨打印机都会在规定时间内到达指定位置，然后开始打印内容。

② 部分喷墨打印机由光栅控制字车的左右移动，光栅脏导致传感器无法读取数据，也会导致字车撞墙。

如果导轨缺油，会导致字车阻力大，或者光栅脏导致传感器没读取正确的数据，最终字车没有行走到指定位置就开始打印内容，初始位置发生偏移。当字车走到最左边或者最右边的时候，就会因位置偏移而撞到打印机的一侧。

4.7.10 连续走纸

喷墨打印机打印时，常出现连续走纸现象，其可能的原因如下。

① 发送一次打印命令，走纸的节奏非常快，并且不打印内容，纸张接二连三地走出打印机，直到纸盒中的纸走完。此故障大多数为光码盘脏、光码盘传感器脏。解决方法是清洁、更换光码盘或光码盘传感器。

② 走纸电动机控制电路异常，导致走纸电动机不停转动，引起连续走纸。解决方法是更换走纸电动机或打印机主板。

第 5 章

各类型打印机典型故障维修实例

5.1 激光打印机故障维修实例

实例 1 联想 M7450F 打印有轻微的竖向黑线

机器型号：联想 M7450F

故障现象：印品表面有几条轻微的竖向黑线。

故障分析：竖向黑线一般为显影组件与定影组件的问题。

① 鼓芯磨损。

② 使用电极丝充电方式的打印机，充电问题也会造成竖向黑线。

③ 定影内部加热辊磨损，也会导致竖向黑线。

维修过程：

① 拿出硒鼓，手动转动鼓芯观察表面并无明显磨损痕迹，清洁电极丝后测试故障依旧。

② 利用卡纸法发现纸张走过鼓芯后纸张表面打印效果正常，造成此故障的原因基本定位为定影部分。

③ 拆开定影部分，发现加热上辊的涂层有明显磨损痕迹，分离爪也已经磨损，如图 5-1 所示。打印机工作时，分离爪磨损位置与加热辊产生的摩擦增大，导致加热辊表面磨损，加热辊表面磨损的位置粘上碳粉转印到纸张表面，就会形成竖向的线条。同时更换掉磨损的分离爪与加热上辊后故障排除。

图 5-1 磨损的分离爪与加热上辊

实例 2　惠普 M1213NF 卡纸

机器型号：惠普 M1213NF

故障现象：在进纸位置卡纸。

故障分析：造成此故障，一般是因为搓纸轮磨损、分页器磨损、传感器有问题等。

维修过程：打开机盖，拿出硒鼓，拆下搓纸轮，观察搓纸轮表面有轻微磨损痕迹并比较脏。转动搓纸轮胶皮，更换搓纸受力点并清洁搓纸轮后试机，故障依旧。拆机检测传感器及控制杆均正常，接着拆下分页器，发现中间位置明显磨损，比两边位置要低，如图 5-2 所示。更换分页器后故障排除。

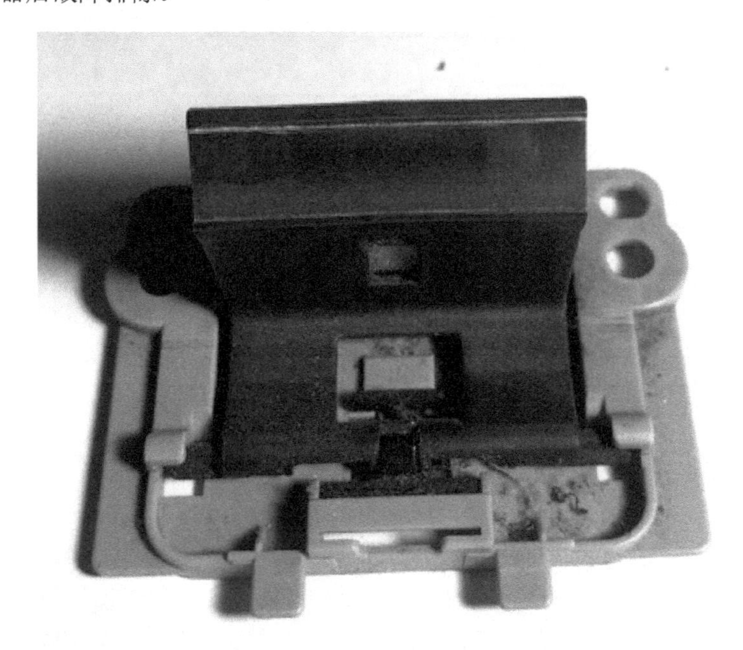

图 5-2　磨损的分页器

实例 3　惠普 M1136 打印有轻微重影

机器型号：惠普 M1136

故障现象：印品表面有轻微重影。

故障分析：造成此故障的可能原因如下。

① 鼓芯上有残留碳粉。

② 定影组件损坏。

维修过程：取出硒鼓，手动转动鼓芯，发现鼓芯表面没有碳粉残留（注意转动方向，如果反向转动就会有碳粉残留），利用卡纸法再次确认排除硒鼓问题。拆开定影器，发现定影膜已经老化磨损。更换定影膜后故障排除。

实例4　惠普 M1213NF 开机屏幕一直显示正在初始化

机器型号：惠普 M1213NF 一体机

故障现象：屏幕显示正在初始化，卡住不动。

故障分析：屏幕显示正在初始化，表示打印机正在进行自检；卡在初始化位置，表示自检不通过。重点排查位置是扫描部分、激光器部分和定影部分。

维修过程：开机观察扫描部分有动作但也无法确定其好坏。因手头上暂时没有扫描组件，就先检查定影组件。拆开定影组件测量各组件均正常。怀疑为激光器问题，找到一台 M1136 的激光器，经对比与 M1213NF 通用。更换激光器后测试，故障排除。

实例5　惠普 M1136 卡纸

机器型号：惠普 M1136

故障现象：卡纸。

故障分析：打印一次出两张纸，第一张纸打印内容正常，第二张纸空白，并且第二张纸卡在定影出口位置。这种故障为继电器引起的卡纸，维修中比较常见。

维修过程：拆开打印机外壳，继电器在打印机侧面，一般在有齿轮的一侧。拆下继电器，观察继电器的制动铁钩背面的缓冲海绵，发现海绵已经老化发黏，导致制动铁钩不复位，如图 5-3 所示。

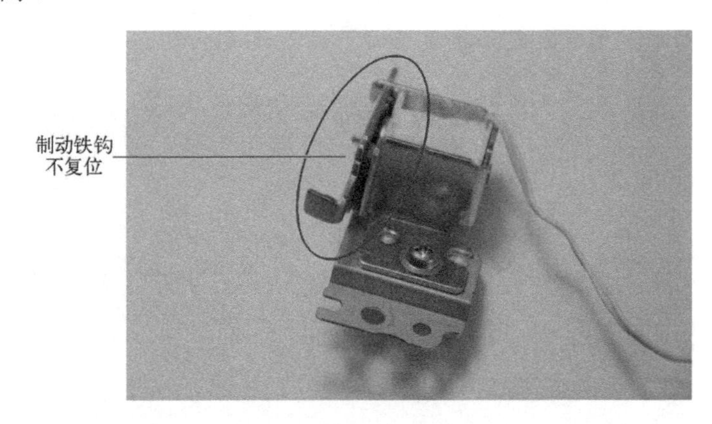

图 5-3　继电器故障图

打印机待机或开机时，继电器的制动铁钩控制搓纸轮不让其转动，当发送打印命令后，每次进纸，继电器会瞬间释放搓纸轮使其转动一周，随后铁钩立即复位使搓纸轮停止转动，直到一张纸打印完毕，继电器才会再次释放搓纸轮搓第二张纸到打印位置。当制动铁钩背面的缓冲海绵老化黏住铁钩使其延迟归位，会导致搓纸轮连续转动两周，也就是在第一张纸没打印完的时候就把第二张纸送上去了，导致两张纸首尾相接地走出打印机，从而导致卡纸。

在继电器制动铁钩的背面贴一张铝箔纸或其他胶纸防止其背面相粘黏，经测试制动铁钩能正常复位，如图 5-4 所示。装好后开机测试，故障排除。

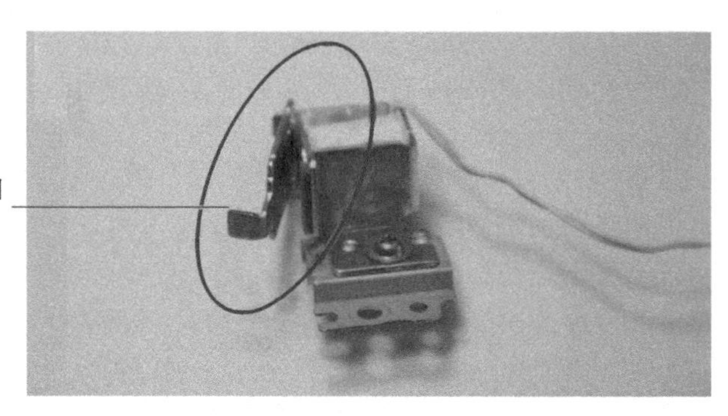

图 5-4　继电器修复后图

实例 6　兄弟 MFC-7360 走纸歪斜

机器型号：兄弟 MFC-7360

故障现象：走纸歪斜，导致打印、复印都出现整体倾斜。

故障分析：整张纸歪斜，可能是纸路辅助走纸轮或控制纸张走向的装置出现问题。

维修过程：检查发现，拿出硒鼓和装入硒鼓都不顺畅。观察打印机内部，发现左侧的一个压力弹簧安装歪斜。打印机内部左右两侧各有一个这种压簧，用来压住硒鼓底部的辅助走纸铁杆，一边的压力弹簧松动会导致铁杆压力不均匀，纸张经过铁杆下方后产生歪斜。重新安装后故障排除。压力弹簧的位置如图 5-5 所示。

图 5-5　兄弟 MFC-7360 内部压力弹簧的位置

实例 7　惠普 M126a 复印浅，打印正常

机器型号：惠普 M126a

故障现象：复印浅，打印正常。

故障分析：打印正常，复印不正常，说明故障在扫描部分。

维修过程：拆机擦拭扫描部分后试机，故障依旧。直接更换扫描头后故障排除。

实例 8　惠普 M1005 报错“scan error 12”

机器型号：惠普 M1005

故障现象：报错“scan error 12”。

故障分析：报错“scan error 12”是 M1005 这款机型经常出现的毛病，为扫描组件故障。

维修过程：拆开扫描部分，把固定齿轮的螺丝松紧调整了一下（对于有些打印机，把固定齿轮的螺丝调松才能解决问题），故障依旧。更换扫描电动机后，故障排除。

实例 9　惠普 M1005 卡纸

机器型号：惠普 M1005

故障现象：在进纸位置卡纸。

故障分析：纸卡在进纸位置，多数是搓纸轮、分页器、传感器等的问题。

维修过程：拆机清洁搓纸轮并检查，没有发现严重磨损，分页器无磨损，传感器复位也正常，最后发现硒鼓传动齿轮没有完全接触鼓芯使鼓芯没有动力来源，鼓芯不转导致卡纸。拆机调节齿轮后，故障排除。

实例 10　惠普 M136a 卡纸

机器型号：惠普 M136a

故障现象：报错卡纸，但在打印机里面没有找到纸张。

故障分析：报卡纸，但打印机里面没有纸张，一般都是传感器的问题。

维修过程：拆机检查纸路传感器正常，当检查到定影部分传感器的时候，发现有一个小纸片卡在传感器里面，导致传感器控制杆无法正常归位，打印机误认为有纸存在，从而报错卡纸。取掉小纸片后测试，故障排除。

实例 11　佳能 LBP2900+卡纸

机器型号：佳能 LBP2900+

故障现象：打印时纸卡在出口处。

故障分析：卡纸在出口处，一般为传感器、定影组件有问题。

维修过程：拆开打印机外壳，检查传感器未见异常；拆开定影部分，定影膜也是完好无损的；压力下辊也为正常；手动转动定影部分模拟进纸，发现纸张走动有延迟，判断为定影膜转动不顺畅引起卡纸。拆下定影膜，加入定影硅脂后，再次手动测试正常后，装机打印测试，故障排除。

实例 12　惠普 M132nw 报错卡纸

机器型号：惠普 M132nw

故障现象：卡纸。

故障分析：拿出硒鼓，未见到打印机内部有纸张，应该是小纸片卡在传感器附近，也可能是传感器本身有问题。

维修过程：拆机检查传感器，发现纸路传感器无法正常复位。仔细观察发现复位弹簧已经移位了。拆下复位弹簧重新安装后测试，故障排除。

实例 13　兄弟 MFC-7340 卡纸

机器型号：兄弟 MFC-7340

故障现象：卡纸。

故障分析：每次纸张走到定影位置卡纸，一般为出纸传感器或定影组件的问题。

维修过程：拆机检查出纸传感器正常；拆开定影部分，观察发现分离爪有磨损情况，如图 5-6 所示。直接更换分离爪后故障排除。

图 5-6　磨损的分离爪

实例 14　惠普 P1106 开机故障灯闪

机器型号：惠普 P1106

故障现象：开机故障灯闪。

故障分析：打印机卡纸、传感器没有复位、激光器故障、定影温度不正常等情况都会导致开机故障灯闪烁。

维修过程：首先拆机检查各个传感器位置并无卡纸，检查传感器控制杆复位也正常；接着拆开激光器，发现激光器内部有蟑螂留下的痕迹。清洁激光器内部棱镜与各个反射镜面后，故障排除。

实例15 联想M7450F卡纸

机器型号：联想M7450F

故障现象：纸卡在纸张出口处。

故障分析：定影组件或出纸传感器有问题。

维修过程：拆下整个定影器，观察出纸传感器正常；分解定影器后发现加热上辊严重损坏，分离爪也有移位的情况；定影器内部还卡有纸屑。这些情况说明应该是卡纸后客户拿什么东西想把残留的纸张弄出来，导致把加热上辊弄坏了。直接更换加热上辊并调整分离爪位置后测试，故障排除。

实例16 惠普M1005连续走纸

机器型号：惠普M1005

故障现象：客户反映卡纸故障，试机后发现属于连续进纸导致卡纸。

故障分析：连续进纸一般是由于继电器无法及时归位，制动搓纸轮转动，所以搓纸轮连续转动带动纸张连续进入打印机又造成卡纸。拆机后发现继电器制动铁钩后的一层类似海绵的东西产生黏性，黏住制动铁钩。处理后手动按压可以正常复位。装好打印机后试机，故障排除。

实例17 惠普P1107打印有竖向黑带

机器型号：惠普P1107

故障现象：打印页有竖向黑带。

故障分析：漏废粉、刮板磨损、鼓芯磨损、定影组件问题都可能导致打印有竖向黑带。

维修过程：拿出硒鼓检查鼓芯，没有发现磨损痕迹；手动转动鼓芯，观察表面也很干净。这样基本能排除鼓芯与刮板问题。把硒鼓装入打印机利用卡纸法，发现纸张走过硒鼓后，表面打印内容正常，说明故障就在定影部分了。拆开定影组件，发现定影膜一边已经粘满了碳粉，如图5-7所示。更换定影膜后故障排除。

图5-7 磨损的定影膜（一边已经粘满了碳粉）

实例 18　兄弟 MFC-7360 打印有竖向白线

机器型号：兄弟 MFC-7360

故障现象：打印页有竖向白条。

故障分析：兄弟或三星的打印机，这种故障比较多见，通常为显影部分故障。

维修过程：拆开硒鼓，拆下磁辊刮板，清洁磁辊刮板上的积碳后试机，故障排除。

实例 19　惠普 M1213NF 打印有底灰

机器型号：惠普 M1213NF

故障现象：打印出现底灰。

故障分析：客户描述打印机放在仓库很久没用，再次拿出来使用后，打印就出现底灰。这种情况一般为碳粉或硒鼓内部组件受潮导致。

维修过程：拆开硒鼓清洁鼓芯、充电辊、磁辊等组件，把硒鼓内部的碳粉全部清除干净，然后再加入一支新碳粉，装机测试后故障排除。

实例 20　佳能 LBP2900 发送打印命令后，打印机无反应

机器型号：佳能 LBP2900

故障现象：计算机发送打印命令后，打印机无动作。

故障分析：计算机接口、打印机接口、数据线、驱动、端口设置有问题。

维修过程：先用打印机打印了一个脱机自检，发现打印自检页正常，说明打印机本身（除接口板外）没有问题。打开计算机“设备和打印机”选项查看驱动程序，显示为暗灰色，说明打印机在脱机状态。脱机状态一般为计算机接口、打印机接口或数据线有问题。经测试计算机接口正常，更换数据线故障依旧，观察打印机接口内部也正常，尝试晃动打印机接口上的数据线，发现计算机弹出发现新硬件的窗口，由此判断为打印机的接口出现问题。用热风枪拆下接口后发现内部金手指已经断掉两根。重新焊接一个接口上去后故障排除。

实例 21　惠普 M1213NF 自动输稿器卡纸

机器型号：惠普 M1213NF

故障现象：自动输稿器卡纸。

故障分析：可能是搓纸轮、分页器、走纸胶轮、传感器有问题。

维修过程：掀开自动输稿器的盖子，观察分页器没有明显磨损痕迹，搓纸轮有轻微磨损，感觉不是搓纸轮的问题。手头上刚好有一台一样的打印机，所以在另一台打印机上拆下搓纸轮更换上去后测试，还是会卡纸，确定不是搓纸轮问题。将整个输稿器拆开，观察到最

里面的两个辅助走纸胶轮有老化痕迹，表面有裂痕，手动转动齿轮组，模拟走纸发现有延迟动作。直接更换另一台打印机的走纸胶轮后装机测试，故障排除。走纸胶轮的位置如图 5-8 所示。磨损后的走纸胶轮放大图如图 5-9 所示。

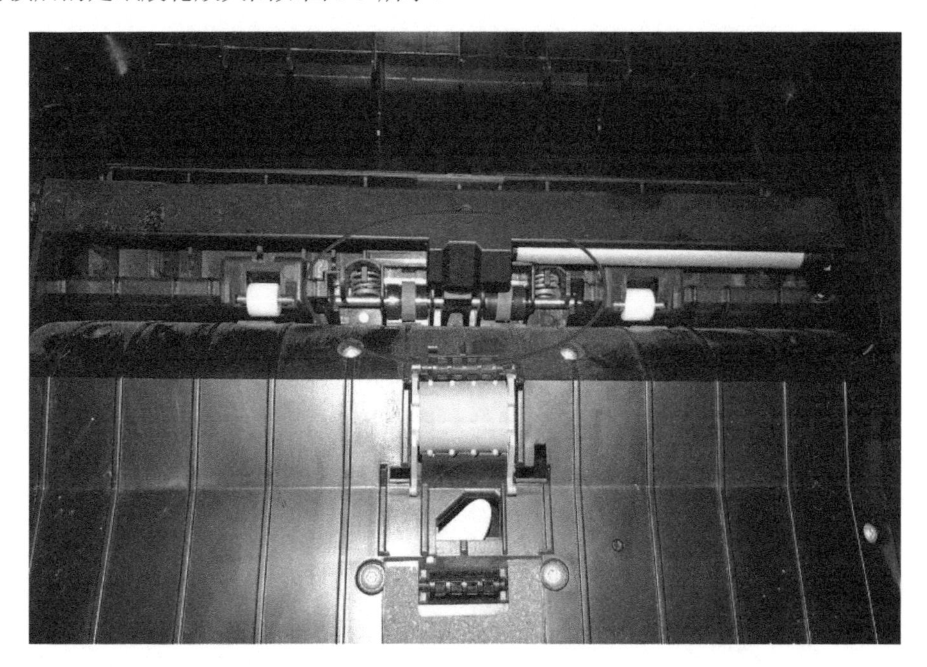

图 5-8　走纸胶轮的位置

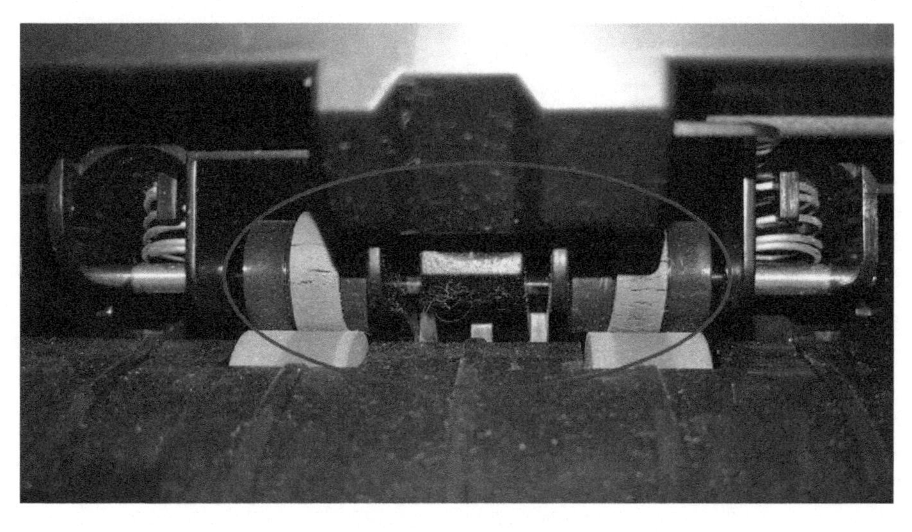

图 5-9　磨损后的走纸胶轮放大图

实例 22　联想 M7450F 用自动输稿器复印有黑线，用玻璃稿台复印正常

机器型号：联想 M7450F

故障现象：用自动输稿器复印有竖向黑线，用玻璃稿台复印正常。

故障分析：用自动输稿器复印时，扫描灯是停止在左侧窄条玻璃下方，纸张本身移动完成扫描。用玻璃稿台复印为扫描灯左右移动完成扫描，纸张为静止状态。由此判断故障原因应该在左侧的玻璃条上。

维修过程：观察左侧玻璃条没有明显的异常，清洁擦拭后故障依旧。直接拆开扫描部分取出左侧玻璃条，发现在玻璃条的侧面及接触部分比较脏，清洁其侧面以及接触部分后试机，故障排除。

实例 23　联想 M7450F 打印浅

机器型号：联想 M7450F

故障现象：打印浅。

故障分析：可能是激光器、碳粉、鼓芯、充电部分等问题

维修过程：手上有通用的硒鼓，更换硒鼓后还是打印浅。拆下激光器检查，发现激光器棱镜比较脏。清洁激光器内部各个反射镜面后，故障排除。

实例 24　佳能 LBP2900 打印出来的字迹一擦就掉

机器型号：佳能 LBP2900

故障现象：印品表面有部分位置碳粉一擦就掉。

故障分析：碳粉一擦就掉这种情况在打印机维修行业中称之为“定影不牢”。造成这种故障的原因为碳粉质量不好或者是定影器内部组件有问题。

维修过程：如果是添加碳粉后出现的定影不牢就要排除碳粉的问题，但这个客户是在正常使用中出现了故障，所以判断为定影组件内部有问题。拆开定影组件，发现定影膜已经损坏。更换定影膜后故障排除。

实例 25　惠普 M227FDN 单面打印不卡纸，双面打印卡纸

机器型号：惠普 M227FDN

故障现象：单面打印不卡纸，双面打印卡纸。

故障分析：一般为双面进纸通道里面存在异物。

维修过程：拆机发现双面进纸通道里面有小纸屑，清除后故障排除。

实例 26　惠普 M1213NF 提示“扫描仪错误 13”

机器型号：惠普 M1213NF

故障现象：提示“扫描仪错误 13”，如图 5-10 所示。

图 5-10　惠普 M1213NF 提示“扫描仪错误 13”

故障分析：可能是扫描排线、扫描传动部分有问题。

维修过程：开机时掀开自动输稿器观察扫描自检动作，发现扫描仪没有动作。拆开扫描部分测量排线无异常，齿轮组也正常运转。更换扫描电动机后故障排除。

实例 27　惠普 M1213NF 提示“扫描仪错误 22”

机器型号：惠普 M1213NF

故障现象：提示“扫描仪错误 22”，如图 5-11 所示。

图 5-11　惠普 M1213NF 提示“扫描仪错误 22”

故障分析：可能是扫描排线、扫描传动部分有问题。

维修过程：拆机观察，发现有维修过的痕迹。给齿轮组加润滑油无效。当拔掉电动机排线时发现排线有两支金手指有问题，一个断掉半截，一个折弯变形。重新处理排线后上电测试，故障排除。

实例 28　兄弟 MFC-7360 提示“自我诊断 15 分钟内将自动重启。”

机器型号：兄弟 MFC-7360

故障现象：提示“自我诊断 15 分钟内将自动重启。”，如图 5-12 所示。

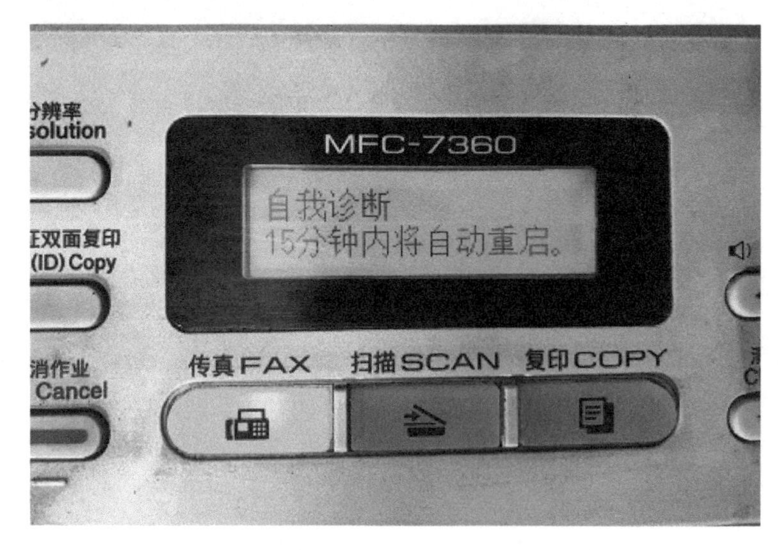

图 5-12　兄弟 MFC-7360 提示“自我诊断 15 分钟内将自动重启。”

故障分析：常见定影问题会导致打印机提示此类错误。

维修过程：拆机检查定影部分，发现压力辊已经出现褶皱，加热辊也已经损坏，测量发现热开关为断开状态，万用表测量显示“0L”，如图 5-13 所示。拆下热开关将其正面向下敲击两下，再次测量已经导通，说明可以正常使用，接着更换压力辊及加热辊。装机后试机，提示不变，开机等待 15 分钟后，打印机自动完成自检动作并进入就绪状态，故障排除。

图 5-13　断路的热开关

实例 29　惠普 M1005 打印有竖向黑带

机器型号：惠普 M1005

故障现象：印品表面有竖向大面积黑带，如图 5-14 所示。

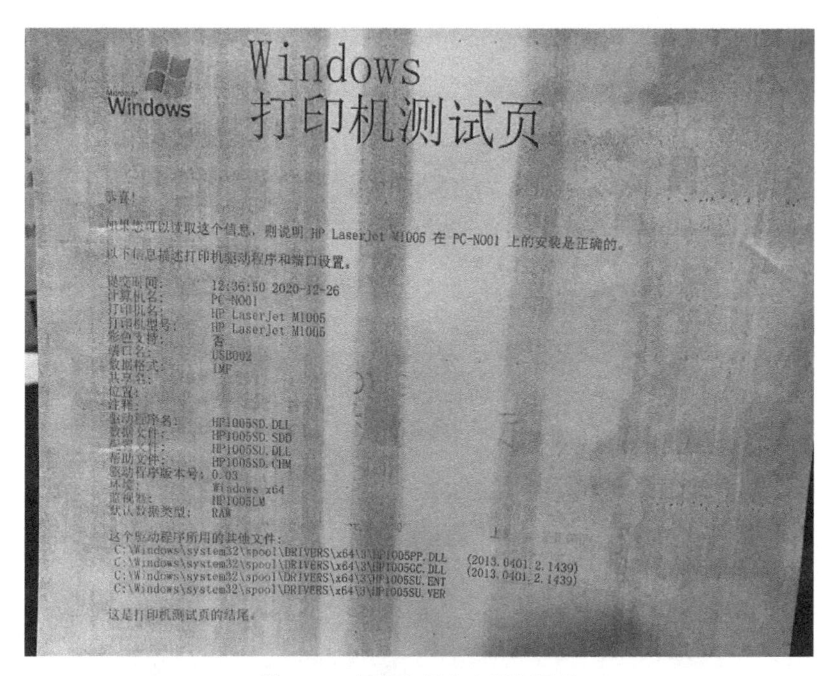

图 5-14　打印有竖向大面积黑带

故障分析：可能是废粉满，刮板坏。

维修过程：拿出硒鼓，发现鼓芯表面有大面积碳粉残留，如图 5-15 所示。看到这样的情况，一般都为废粉仓满或者刮板损坏。拆开硒鼓观察，发现废粉仓并没有满，这种情况一般换刮板就好了。先把废粉仓内部的废粉清理干净，最后更换一个全新的清洁刮板后试机，故障排除。

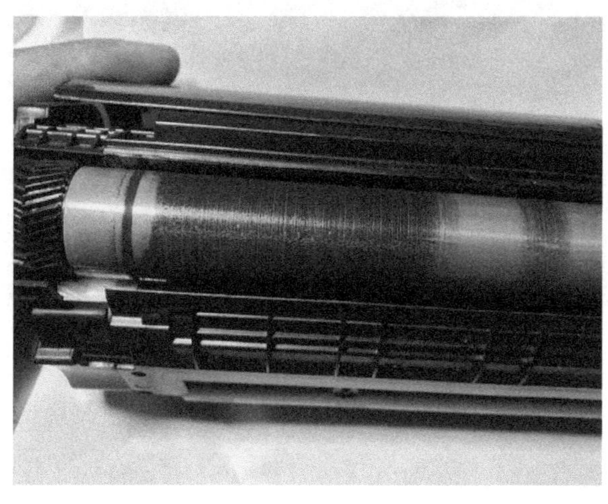

图 5-15　鼓芯表面有大面积碳粉残留

实例 30　惠普 M1213NF 开机报错卡纸

机器型号：惠普 M1213NF

故障现象：开机报错卡纸。

故障分析：可能是打印机内有纸屑，或传感器未复位。

维修过程：拆机检查打印机内部，没有看到纸屑残留；接着检查纸路中间的传感器，没有发现问题；最后检查定影外部的一个出纸口位置的传感器，发现传感器控制杆没有复位，如图 5-16 所示。把弹簧安装校正了一下，手动测试控制杆已经能复位了。正常状态下两个光电传感器都为遮挡状态，如图 5-17 所示。此案例其中的一个传感器的控制杆没有复位，光电传感器为导通状态，导致打印机报错卡纸。

图 5-16　传感器控制杆不能正常复位

图 5-17　传感器控制杆正常复位状态

实例 31　富士施乐 M268DW 提示“请等待”

机器型号：富士施乐 M268DW

故障现象：提示“请等待”。

故障分析：可能是激光器、定影组件、主板有问题。

维修过程：该型号打印机控制板上的主芯片很容易脱焊，排除激光器及定影组件问题后，加焊芯片后故障排除。加焊后建议在芯片上涂抹导热硅脂及加装散热片，这样才能确保工作稳定。

实例32　惠普M1136打印正常，复印全白

机器型号：惠普M1136

故障现象：打印正常，复印全白。

故障分析：可能是扫描头或者扫描排线不良，以及需升级固件。

维修过程：更换扫描头及扫描排线后故障依旧。官网下载固件，升级后故障排除。

实例33　兄弟MFC-7360打印出现底灰

机器型号：兄弟MFC-7360

故障现象：客户自己添加碳粉后出现底灰。

故障分析：可能是硒鼓充电位置脏，碳粉质量差，加错碳粉，碳粉不兼容。

维修过程：把粉仓全部拆开，清洁电极丝及底部铁网，测试故障依旧。把粉仓内部所有残留的碳粉全部清洁干净，装入一支好的碳粉，上机测试，故障排除。

实例34　兄弟MFC-7360左侧打印浅

机器型号：兄弟MFC-7360

故障现象：左侧打印浅。

故障分析：可能是鼓芯老化，激光器脏。

维修过程：拿出硒鼓，观察鼓芯表面没有明显磨损痕迹。因手头上没有鼓芯可供替换，先检查激光器。拆下激光器，打开盖子，观察内部发现棱镜上几个反光面的边角上比较脏。直接清洁棱镜的几个反光面，清洁后测试，故障排除。

5.2　针式打印机故障维修实例

实例35　爱普生LQ-630K打印有横向白线

机器型号：爱普生LQ-630K

故障现象：打印内容有一条横向白线。

故障分析：断针、打印针磨损、打印头线圈坏、针驱动管损坏都会造成横向白线。

维修过程：测量线圈没发现问题。拆开打印头，观察背面出针位置，发现有一黑孔，明显是有打印针严重磨损或者断了。拆开打印头后取出断掉的打印针，更换后再次试机，故障排除。

实例36　爱普生LQ-730K打印到一半时字车卡住，面板上的三个灯同时闪烁

机器型号：爱普生LQ-730K

故障现象：打印到一半时字车卡住，面板上的三个灯同时闪烁，如图5-18所示。

图5-18　爱普生LQ-730K打印到一半时字车卡住，面板上的三个灯同时闪烁

故障分析：可能是导轨缺油、打印机内有异物导致字车卡死。

维修过程：打开机盖，观察色带架的右侧塑料盖已经损坏，如图5-19所示。整个色带架在打印机内部是倾斜的状态，打印时色带架阻碍字车左右移动，导致报错并停止打印。更换色带架后故障排除。

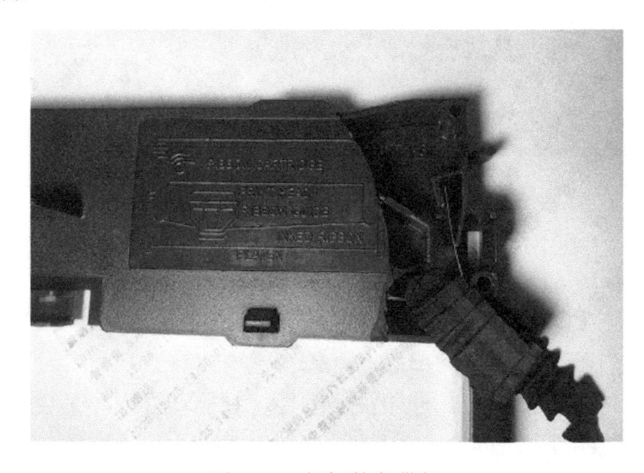

图5-19　损坏的色带架

实例 37　爱普生 LQ-680K 打印内容有横向白线

机器型号：爱普生 LQ-680K

故障现象：打印内容有多条横向白线。

故障分析：可能是断针，打印针磨损、打印头线圈坏，针驱动管坏。

维修过程：取下打印头，测量线圈发现有两组线圈损坏。拆开打印头，发现测量损坏的线圈在同一层板上，所以换整层板。更换后测量针驱动管无异常后加电试机，故障排除。

实例 38　爱普生 LQ-630K 打印有异响

机器型号：爱普生 LQ-630K

故障现象：打印中途发出异响。

故障原因：一般为机械故障或者是导轨缺油。

维修过程：拆机检查内部并无异物挡住字车左右运动。观察导轨上比较脏，关机手动移动字车感觉阻力非常大。在导轨上添加润滑油后并反复手动左右移动字车，直到阻力变小。上电测试，故障排除。

实例 39　OKI 5500F 三灯同时闪

机器型号：OKI 5500F

故障现象：操作面板上三灯同时闪。

故障原因：之前维修遇到过这样的问题，多数是主板问题。OKI 的部分打印机有这样的通病。

维修过程：一般为电源板上 TL431 芯片损坏。因手里没找到这个芯片，直接更换电源板后故障排除。

实例 40　爱普生 LQ-680K 打印时偶尔有异响

机器型号：爱普生 LQ-680K

故障现象：打印时偶尔有异响。

故障分析：异响一般为齿轮组、皮带、色带等问题导致。

维修过程：拆机发现色带卡在打印头下方取不出来，接着拆下打印头，发现是打印头挡片磨损后挂住色带了。更换打印头挡片后故障排除。

实例 41　爱普生 LQ-730K 打印内容深浅不一

机器型号：爱普生 LQ-730K

故障现象：打印内容深浅不一，如图 5-20 所示。

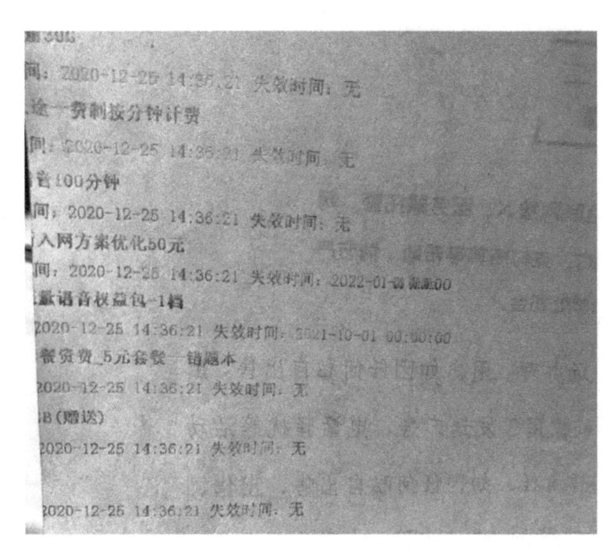

图 5-20 爱普生 LQ-730K 打印内容深浅不一

故障分析：可能是色带不转，色带老化，纸厚调节杆被调高。

维修过程：观察纸厚调节杆的位置已经调节到较低的位置，如图 5-21 所示，排除了纸厚调节杆的问题。

图 5-21 爱普生 LQ-730K 的纸厚调节杆

拆下色带架并手动转动色带发现色带已经老化，有的位置已经被打穿了，如图 5-22 所示。更换色带后故障排除。

图 5-22 色带老化

实例 42 爱普生 LQ-630K 不进纸

机器型号：爱普生 LQ-630K

故障现象：不进纸。

故障分析：可能是进纸方式调节杆调错位置，进纸传感器故障。

维修过程：检查进纸方式调节杆的位置在单页纸位置，进一步检查进纸传感器，用小螺丝刀按住进纸传感器发现打印机没有进纸动作，应该是传感器内部弹片氧化了，直接更换进纸传感器试机，故障排除。

实例 43 OKI 5500F 打印位置偏右并带有异响

机器型号：OKI 5500F

故障现象：整体打印内容偏右。

故障分析：可能是导轨缺油，机械故障。

维修过程：打印时观察字车，刚开始打印动作正常，打印到中途，字车只能在打印机右侧小范围移动打印。关机打开机盖，手动移动字车，发现阻力较大。取下色带，手动转动色带，发现色带无法转动。取下色带后，手动移动字车，阻力正常。更换色带架后打印测试，故障排除。

实例 44 爱普生 LQ-610K 打印有横向白线

机器型号：爱普生 LQ-610K

故障现象：打印有横向白线。

故障分析：可能是断针或者色带问题。

维修过程：观察打印页，发现白线位置有针击打的印记，复写纸的第二层复写的内容没有问题，排除断针。拿下色带架，发现位于针头下方位置的色带已经被打烂了，剩下很窄的一条，有一部分色带被针头击打，针头的另一边没有击打到色带，而是直接击打到纸张表面。更换色带架后故障排除。

实例45　爱普生LQ-630K打印内容只有几条黑色横线

机器型号：爱普生LQ-630K

故障现象：打印测试页时，打印内容只有几条黑色横线。

故障原因：可能是打印头内部色带泥堵塞。

维修过程：拆开打印头，清理导针板内部色带泥，拆头过程中发现打印针也磨损严重，建议客户更换打印头。客户表示要购买一台新的打印机，让把这台修好，暂时能用就行，不愿更换打印头。最后把磨损的打印针一并更换，开机测试后故障排除，但打印效果比较差。这种故障一般是打印量过大，打印头已经到了使用寿命，虽然换针后能正常使用，但性能不稳定。

实例46　爱普生LQ-630K经常断针

机器型号：爱普生LQ-630K

故障现象：同一位置的打印针经常断。

故障原因：可能是打印针底部的复位弹簧不能正常复位。

维修过程：正常情况下，打印针每次出针击打色带到纸张表面后，复位弹簧会将打印针复位缩回到打印头内部。如果复位弹簧不能及时将针复位到打印头内部，色带转动或字车移动时就会将打印针折断。拆开打印头，发现打印针底部的复位弹簧已经有生锈的情况。更换打印针底部的复位弹簧后再次批量打印测试，故障排除。

实例47　爱普生LQ-730K打印有横向白线

机器型号：爱普生LQ-730K

故障现象：打印有横向白线。

故障原因：可能是打印针磨损，打印头线圈损坏，断针，排线坏。

维修过程：测量排线正常，拆下打印头观察底部没有磨损或断针的现象。测量打印头线圈发现有一组线圈损坏。直接更换打印头后故障排除。

实例48　爱普生LQ-615K打印速度慢

机器型号：爱普生LQ-615K

故障现象：打印速度慢。

故障原因：打印头发热严重，电动机或导轨有问题都会造成类似故障。

维修过程：关机移动导轨发现没有明显阻力，观察导轨上也没有缺油的迹象。因电动机一般很少出问题，所以最后再排除电动机故障。拆下打印头观察，有拆过的痕迹，仔细观察发现可能是组装的打印头。拆开打印头发现热敏电阻附近没有硅胶了。根据经验判断，这种组装的打印头很容易烧线圈，而且发热严重后打印速度也会变慢。直接更换原装打印头后故障排除。

实例49　爱普生LQ-730K打印时发出异响并三灯同时闪烁

机器型号：爱普生LQ-730K

故障现象：打印时齿轮打滑并发出异响，字车停靠在打印机的最左侧，控制面板上的三个指示灯同时闪，打印机发出有规律的错误提示音"滴-滴-滴"。关机后再开机能正常使用，过一段时间又出现同样故障。

故障分析：发出异响的原因一般为机械故障。观察机壳外部灰尘很厚，拆开机壳发现内部也比较脏，重点检查齿轮组、传动皮带、导轨等位置。

维修过程：

① 检查传动皮带没有老化松动迹象。

② 关机，手动控制字车左右移动，感觉阻力很大，观察导轨，发现上面非常脏。先清洁导轨上的灰尘，然后加入缝纫机油，再次手动控制字车移动，反复几次后感觉阻力明显变小了。开机测试打印10张完整文字内容未见异常，说明故障已经排除。后续回访，客户也表示使用稳定，没有再出现该故障。

5.3　喷墨打印机故障维修实例

实例50　佳能MX 498打印重影

机器型号：佳能MX 498

故障现象：打印重影。

故障分析：打印测试页，发现左右重影。喷墨打印机往往需要喷射多次墨水在同一位置才会显现出清晰的内容。重影的原因为字车左右移动时定位不精准，导致多次喷射的墨水位置出现偏差。控制字车左右移动的配件为导轨、传动皮带、电机、光栅条和传感器。

维修过程：拆开打印机，检查导轨、传动皮带未见异常。在维修过程中，遇到电动机坏的较少，暂时将电动机排除在外。检查光栅条发现其表面有墨水及灰尘。拿湿抹布清洁后，开机测试，故障排除。

实例51　爱普生L4158打印空白

机器型号：爱普生L4158

故障现象：打印空白。

故障原因：可能是墨盒内部没有墨水，进空气了。

维修过程：打开盖子，取出墨盒，如图 5-23 与图 5-24 所示。

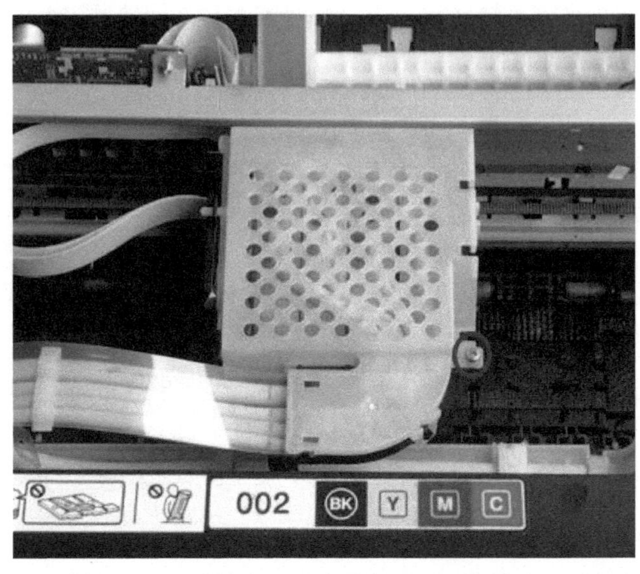

图 5-23　取出墨盒（1）

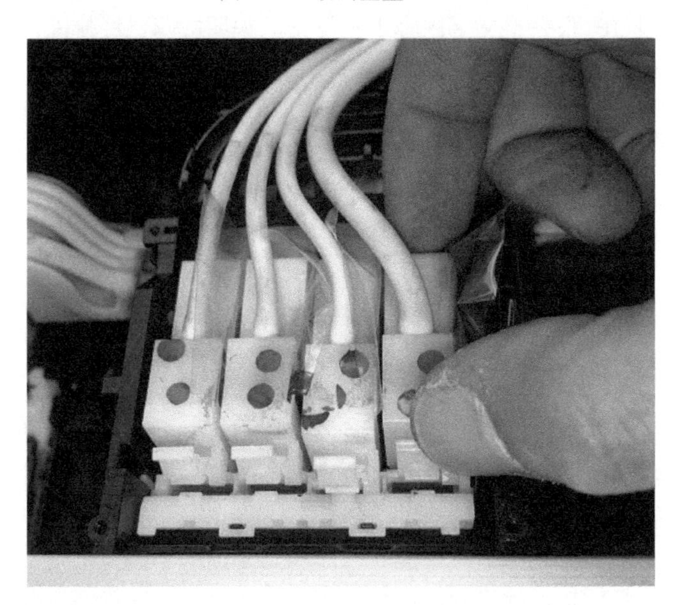

图 5-24　取出墨盒（2）

用注射器抽出空气，直到墨水把整个墨盒填满，如图 5-25～图 5-27 所示。

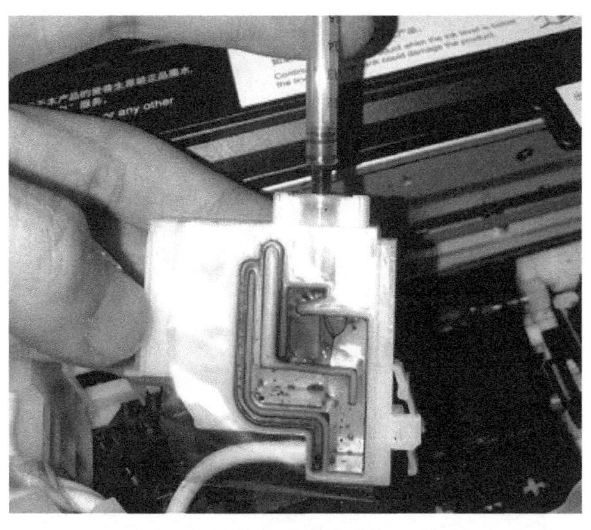

图 5-25　抽出墨盒内空气（1）

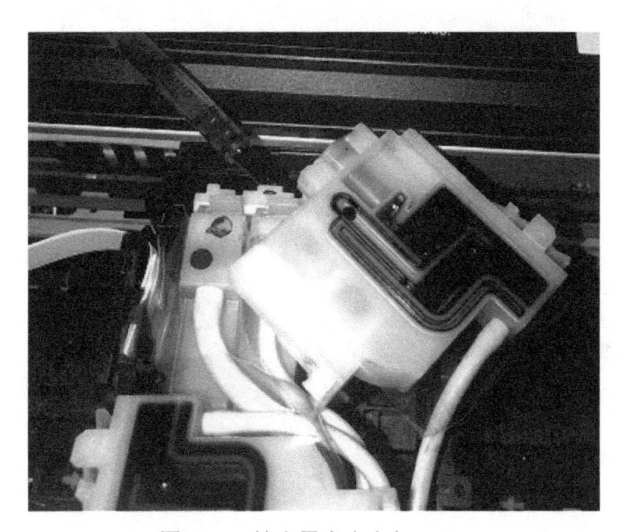

图 5-26　抽出墨盒内空气（2）

图 5-27　抽出墨盒内空气（3）

最后将墨盒装入打印机，如图 5-28 所示。

装好墨盒后先使用驱动程序清洗一次打印头，然后再打印测试页，故障排除。

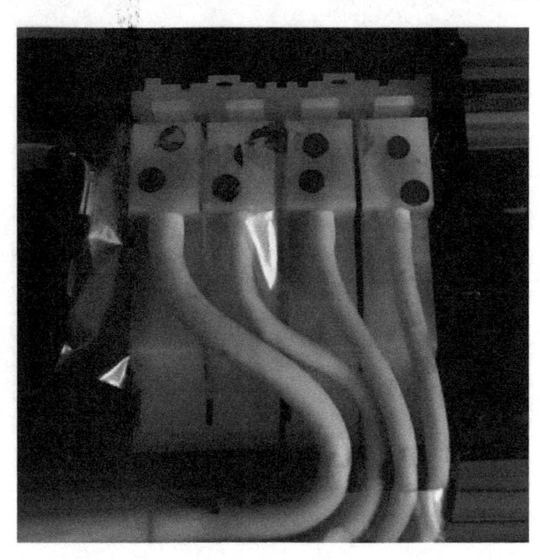

图 5-28 将墨盒装入打印机

实例 52 爱普生 L300 卡纸并偶尔会走空白纸

机器型号：爱普生 L300

故障现象：卡纸并偶尔会走空白纸。

故障原因：可能是搓纸轮与分页器老化。

维修过程：之前修过爱普生其他型号的打印机，也有遇到这种问题，所以直接拆机更换搓纸轮与分页器后故障排除。

实例 53 佳能 iP 2780 异响

机器型号：佳能 iP 2780

故障现象：打印有异响，字车走动很慢，关机一段时间开机又能正常使用。

故障分析：客户说经常批量打印宣传彩页，有时连续打印几十张。这种低端机如果连续打印几十张黑白文档应该没有问题，但连续打印几十张彩页，打印机本身承受不了这种打印负荷，齿轮组、字车传动皮带、字车电机都有可能出现问题。

维修过程：检查齿轮组没有发现异常，传动皮带也是正常的，最后批量打印测试，前几张没有问题，打印到十张左右时打印动作开始变慢。此时发现字车电动机特别烫手。直接更换字车电动机后故障排除。

实例 54 爱普生 L310 打印空白

机器型号：爱普生 L310

故障现象：打印空白。

故障分析：可能是喷头完全堵塞，完全没墨水，主板坏，喷头坏。

维修过程：拆机查看墨盒里面有墨水，排除没墨水的问题。用套上软管的注射器套在喷头柱子上，将空气打进喷头，发现喷头内部有墨水溢出，排除喷头完全堵塞的情况。测量主板上控制喷头的芯片，发现已经损坏。这种情况下一般喷头也会损坏。建议同时更换主板与喷头。更换后故障排除。

实例55　惠普 tank310 提示墨盒有问题

机器型号：惠普 tank310

故障现象：提示墨盒有问题。

故障分析：客户描述闲置了一段时间，再次使用就提示墨盒有问题。判断可能为墨盒接触不良或受潮氧化。

维修过程：取出墨盒检查，发现墨盒背面的金手指位置已经氧化变色。用酒精擦洗干净，发现表面还存在氧化层，再用磨砂橡皮擦把氧化层也全部擦过一遍，顺便用酒精把字车内部与墨盒接触的金手指也清洗了一遍，最后装上墨盒测试，故障排除。打印时又发现打印的内容不清晰，原因是闲置时间过长，使用驱动程序进行了两次喷头清洗，打印就正常了。

实例56　惠普 tank411 卡纸

机器型号：惠普 tank411

故障现象：在进纸位置卡纸。

故障分析：一般纸卡在进纸位置多为搓纸轮、分页器、传感器有问题。纸路有异物也可能会导致卡纸。

维修过程：发现客户用的打印纸为 70g 的，怀疑是纸张引起的卡纸。换 80g 的纸张后，卡纸的频率有所降低，但还是有卡纸现象。纸路出纸比较顺畅，所以排除纸路存在异物。拆机发现搓纸轮上纸屑较多，清洁后发现搓纸轮有磨损痕迹。直接更换一个全新的搓纸轮测试，打印几十张没有出现卡纸现象。

实例57　爱普生 L301 打印有横向白线

机器型号：爱普生 L301

故障现象：打印有横向白线。

故障分析：可能是喷头堵塞。

维修过程：使用驱动程序清洗喷头无效。用注射器将喷头清洗液抻到护罩内浸泡喷头，过一段时间再次添加清洗液。反复浸泡后开机，再使用驱动程序清洗喷头，再次测试发现绝大部分喷嘴已经疏通，继续用驱动程序清洗几次后喷头，喷嘴完全疏通，故障排除。

反侵权盗版声明

举报电话：（010）88254396；（010）88258888

传　　真：（010）88254397

E-mail：dbqq@phei.com.cn

通信地址：北京市海淀区万寿路 173 信箱

电子工业出版社总编办公室

邮　　编：100036